Nikolaus Schneider

**KANTENHERVORHEBUNG
UND
KANTENVERFOLGUNG
IN DER INDUSTRIELLEN
BILDVERARBEITUNG**

FORTSCHRITTE DER ROBOTIK
Herausgegeben von Walter Ameling

Band 1: Hermann Henrichfreise
Aktive Schwingungsdämpfung an einem elastischen Knickarmroboter

Band 2: Winfried Rehr (Hrsg.)
Automatisierung mit Industrierobotern

Band 3: Peter Rojek
Bahnführung eines Industrieroboters mit Multiprozessorsystem

Band 4: Jürgen Olomski
Bahnplanung und Bahnführung von Industrierobotern

Band 5: George Holling
Fehlerabschätzung von Robotersystemen

Band 6: Nikolaus Schneider
Kantenhervorhebung und Kantenverfolgung in der industriellen Bildverarbeitung

Exposés oder Manuskripte zur Beratung erbeten unter der Adresse: Prof. Dr.-Ing. Walter Ameling, Rogowski-Institut für Elektrotechnik der RWTH Aachen, Schinkelstr. 2, 51 Aachen oder an den Verlag Vieweg, Postfach 5829, 6200 Wiesbaden.

Fortschritte der Robotik   6

Nikolaus Schneider

KANTENHERVORHEBUNG UND KANTENVERFOLGUNG IN DER INDUSTRIELLEN BILDVERARBEITUNG

Schnelle Überführung von Graubildszenen
in eine zur Szenenanalyse geeignete Datenstruktur

Autor:

Dr.-Ing. Nikolaus Schneider promovierte am Institut für Allgemeine Elektrotechnik und Datenverarbeitungssysteme (Rogowski-Institut) der RWTH Aachen. Sein derzeitiges Arbeitsgebiet ist die Implementierung von Kommunikationsprotokollen für teilnehmernahe Systeme sowie die Softwaregenerierung und -verwaltung bei der Firma PHILIPS Kommunikations-Industrie AG, Nürnberg

Der Verlag Vieweg ist ein Unternehmen der Verlagsgruppe Bertelsmann International.

Alle Rechte vorbehalten
© Friedr. Vieweg & Sohn Verlagsgesellschaft mbH, Braunschweig 1990

Das Werk einschließlich aller seiner Teile ist urheberrechtlich geschützt. Jede Verwertung außerhalb der engen Grenzen des Urheberrechtsgesetzes ist ohne Zustimmung des Verlags unzulässig und strafbar. Das gilt insbesondere für Vervielfältigungen, Übersetzungen, Mikroverfilmungen und die Einspeicherung und Verarbeitung in elektronischen Systemen.

Umschlaggestaltung: Wolfgang Nieger, Wiesbaden
Druck und buchbinderische Verarbeitung: Lengericher Handelsdruckerei, Lengerich
Printed in Germany

ISBN 3-528-06386-6

Vorwort

Die vorliegende Arbeit entstand im Rahmen meiner Tätigkeit als wissenschaftlicher Mitarbeiter in der Forschungsgruppe ‚Industrielle Sensorsignalverarbeitung' des Lehrstuhls für Allgemeine Elektrotechnik und Datenverarbeitungssysteme der Rheinisch-Westfälischen Technischen Hochschule Aachen.

Herrn Prof. Dr.-Ing. Walter Ameling danke ich herzlich für die Möglichkeit, diese Arbeit an seinem Institut durchführen zu können, und für die Übernahme des Referates.

Mein Dank gilt auch Herrn Prof. Dr.-Ing. D. Meyer-Ebrecht, dem Leiter des Lehrstuhles für Meßtechnik der RWTH Aachen, für die Übernahme des Korreferates und für das Interesse, das er dieser Arbeit entgegenbrachte.

Danken möchte ich auch meinen Kollegen für viele anregende Diskussionen und die kritische Durchsicht des Manuskripts, sowie den von mir betreuten Studenten, die als Diplom- und Studienarbeiter oder als studentische Hilfskraft tatkräftig bei der Durchführung der praktischen Arbeiten halfen.

Ein besonderer Dank gilt meiner lieben Frau, die die orthographische und syntaktische Durchsicht der Arbeit übernahm und mir viele private Arbeiten abnahm, sowie meiner gesamten Familie, die während der Arbeit oft auf mich verzichten mußte.

Aachen, im Februar 1990 *Nikolaus Schneider*

Inhaltsübersicht

1 Einführung — 1
   1.1 Thematische Einordnung der Arbeit — 3
   1.2 Motivation und Zielsetzung der Arbeit — 6
   1.3 Vorgehensweise und Überblick — 7

2 Randbedingungen der Bildaufnahme und -verarbeitung sowie Blockschaltbild des Gesamtsystems — 10
   2.1 Die digitale Graubildfunktion — 10
   2.2 Bildaufnehmer — 11
   2.3 Beleuchtung, Blendeneinstellung und Randbedingungen der Szene — 15
   2.4 Ein System zur schnellen Vorverarbeitung — 17
      2.4.1 Randbedingungen, Datenvolumen und Verarbeitungszeit — 17
      2.4.2 Rechnerarchitekturen für die Bildverarbeitung — 19
      2.4.3 Rechnerarchitektur des Systems — 24

3 Schnelle Filterverfahren zur Kantenhervorhebung — 28
   3.1 Punktoperatoren — 30
   3.2 Lokale Operatoren — 31
      3.2.1 Die zweidimensionale Faltung — 31
      3.2.2 Gradientenoperatoren — 32
         3.2.2.1 Mathematische Grundlagen — 32
         3.2.2.2 Einfache Differenzenoperatoren — 34
         3.2.2.3 Näherungsverfahren zur Abschätzung des Gradienten — 35
         3.2.2.4 Abschätzung des Gradienten durch Kompaßmasken (Template matching) — 37
      3.2.3 Differentialoperatoren höherer Ordnung — 38
      3.2.4 Operatoren im mehrdimensionalen Vektorraum — 39
      3.2.5 Weitere Verfahren — 40

4 Bewertung der Kantenhervorhebungs- und Kantenextrationsverfahren — 42
   4.1 Verfahren zur Bewertung der Kantenerkennung — 43
      4.1.1 Verfahren nach Fram und Deutsch — 43
      4.1.2 Verfahren nach Abdou und Pratt — 47
      4.1.3 Verfahren nach Bryant und Bouldin — 50
      4.1.4 Verfahren nach Kitchen und Rosenfeld — 53
      4.1.5 Verfahren nach Geuen und Preuth — 56
   4.2 Ein eigenes Verfahren zur Bewertung mittels idealer Kanten — 58
      4.2.1 Generierung idealer Kanten — 58
      4.2.2 Bewertungsverfahren für Filterergebnisse — 63
      4.2.3 Ergebnisse der Bewertung idealer Kanten — 65

4.3 Eigenes Verfahren zur Bewertung realer Kanten 77
    4.3.1 Erzeugung eines Referenzbildes 78
    4.3.2 Bewertungsverfahren 80
    4.3.3 Ergebnisse der Bewertung realer Kanten 84

5 Methoden zur Kantenverdünnung, Kantenextraktion und Überführung in eine Datenstruktur   90

5.1 Methoden zur Verarbeitung von Gradientenbildern 90
5.2 Ein neues Verfahren zur Kantenverdünnung im Datenstrom 93
    5.2.1 Algorithmus zur Kantenverdünnung 93
    5.2.2 Vorschlag einer Hardware-Realisierung 97
5.3 Extraktion der dominierenden Kanten 99
    5.3.1 Bestimmung der dominierenden Kanten 100
    5.3.2 Umcodierung des Bildes und Erzeugung einer Datenstruktur . . 103
5.4 Aufbau einer Datenstruktur für die symbolische Weiterverarbeitung der Szene 108
    5.4.1 Beschreibung der Datenstruktur 109
    5.4.2 Operationen auf der Datenstruktur 112

6 Verfahren zur Kantenverfolgung   120

6.1 Graphentheoretische Grundlagen 123
6.2 Ein schnelles Verfahren zur Suche von Startpunkten für die Kantenverfolgung 125
6.3 Einschränkung der möglichen Wege 129
    6.3.1 Definition eines Weges 129
    6.3.2 Einschränkung der Zahl der zu betrachtenden Wege 131
    6.3.3 Einschränkung der Länge des betrachteten Weges 134
6.4 Die Kostenfunktion zur Bewertung des Weges 136
    6.4.1 Die boolesche Kostenfunktion 137
    6.4.2 Die globale Kostenfunktion 138
    6.4.3 Die bildabhängige Kostenfunktion 139
6.5 Algorithmen zur Bestwegsuche 141
    6.5.1 Bestwegsuche in einem Baum 142
        6.5.1.1 Rekursive Suche 144
        6.5.1.2 Iterative Suche 148
    6.5.2 Bestwegsuche in Graphen 152
        6.5.2.1 Verfahren zur Bestwegsuche in Graphen 157
        6.5.2.2 Algorithmus nach Dijkstra 161
        6.5.2.3 Algorithmus nach Ford 164
    6.5.3 Diskussion der Ergebnisse 166

7 Zusammenfassung   176

8 Literaturverzeichnis   179

A Anhang 208

A.1 Liste der verwendeten Symbole und Abkürzungen 208
A.2 Übersicht über die untersuchten Kantenhervorhebungsverfahren 210
A.3 Untersuchte Filtermasken für das Modul tm 218
A.4 Ergebnisse der Kantenhervorhebung bei idealen Kanten 225
A.5 Polardiagramme 230

1 Einführung

Die rechnerische Erfassung der Umwelt auf der Basis optischer Information war seit Beginn der digitalen Datenverarbeitung Gegenstand der Untersuchungen unterschiedlichster Forschergruppen. Dabei wurde versucht, die Funktion des visuellen Systems als wichtigstes Sinnesorgan des Menschen zur Erfassung seiner Umwelt und zur Wissensaquirierung zu verstehen und auf unterschiedlichste Weise nachzubilden.

Hierbei zeigte sich immer wieder, daß die Verarbeitung der optischen Information an die Grenzen der jeweiligen Rechnergeneration führte. Die von der Auflösung des Bildes abhängige Datenmenge erfordert zunächst ein entsprechendes Speichermedium (10...1000 KByte). Für eine Interpretation der komplexen Information des Bildes sind sowohl recht einfache Operationen, die allerdings auf jeden Bildpunkt angewendet werden müssen und damit einen Aufwand an Rechenzeit oder Hardware bedeuten, als auch sehr komplexe und damit rechenzeitaufwendige Algorithmen auszuführen.

Vor allem die erforderlichen Rechenzeiten bedingten einen nur zögernden Einsatz der Bildverarbeitung im industriellen Bereich. Die ersten Systeme waren aufgabenangepaßte Lösungen und beschränkten die optisch aufgenommene Datenmenge drastisch (wenige Zeilen bei kleiner Auflösung), um mit vergleichsweise einfachen Algorithmen tolerierbare Rechenzeiten zu erhalten.

Auch heutige im industriellen Bereich eingesetzte Bildverarbeitungssysteme arbeiten noch fast ausschließlich mit Binärbildern (siehe beispielsweise /PUGH86/ oder /PUGH83/ Kap. 7) und sehr engen Randbedingungen. Sie erfordern eine definierte Kameraposition parallel zur Auflagefläche der zu erkennenden Werkstücke, eine sorgfältige Abstimmung der Beleuchtung auf diese und deren Umfeld sowie häufig eine Abschirmung jeglichen Fremdlichts. Nur so ergibt sich die Möglichkeit, durch eine Schwellwertoperation den zu erkennenden Gegenstand von der Umgebung zu trennen.

Auf der Basis einer kleinen Zahl von zweidimensionalen Ansichten der stabilen Objektlagen erfolgt dann die Klassifikation der Objekte mit recht einfach und schnell zu berechnenden Merkmalen wie größtem und kleinstem Durchmesser, Fläche, Schwerpunkt und einigen höheren Momenten (/HOLL79, PAGE84/).

Aus den Erfahrungen beim Einsatz von industriellen Bildverarbeitungssystemen in den vergangenen Jahren zeichnet sich bereits ab, daß in vielen industriellen Anwendungen die Binärbildverarbeitung nicht zur Problemlösung ausreicht (/KEIL84, SMIT84/).

Im Rahmen dieser Arbeit erfolgte daher die Untersuchung einer Klasse von Algorithmen zur schnellen Graubildverarbeitung und von zur Ausführung dieser Algorithmen geeigneten Rechnerarchitekturen mit dem Ziel, differenziertere Aussagen über die Szene machen zu können, als dies mit bisherigen Systemen möglich ist. Auch wurde nicht an der stationären Anordnung von Kameras festgehalten, was oft eine unflexible Gestaltung des Fertigungsprozesses bedeutet, da einerseits die Szene durch den Roboter abgeschattet werden kann und andererseits alle zu verarbeitenden Teile ins Bildfeld der Kamera gebracht werden müssen.

Die Bildaufnehmer werden in der Nähe der Roboterhand mitbewegt bzw. in das Werkzeugwechselsystem oder das Werkzeug selbst integriert. Dies bringt ein hohes Maß an Flexibilität, da nun nicht die Objekte ins Bildfeld der Kamera bewegt werden müssen, sondern der Roboter mit integrierter Kamera sich in Richtung der Objekte bewegen kann, so daß die Bildverarbeitung in den industriellen Fertigungsprozeß, z.B. beim Greifen oder Bearbeiten eines Werkstückes, einzubeziehen ist.

Ein weiterer Vorteil besteht darin, daß die Bildverarbeitung in Anlehnung an den menschlichen Verarbeitungsprozeß in mehreren Stufen geschehen kann: Bei größerer Entfernung braucht ein Objekt in einer Szene nur grob lokalisiert zu werden anhand von recht globalen Merkmalen, beispielsweise seinen Außenkonturen. Mit zunehmender Annäherung an das Objekt können weitere detailliertere Merkmale mit in den Verarbeitungsprozeß einbezogen und die Lagebestimmung des Objektes aufgrund der nun höheren Bildauflösung exakter durchgeführt werden.

Dieser Flexibilität steht allerdings die Aufgabe der festen Kameraposition gegenüber. Mußte bisher die Kamera senkrecht über der zu erwartenden Objektposition in bekannter Höhe positioniert sein (die Position ergab sich dabei durch eine einfache Transformation aus den Bildkoordinaten), so bestehen für die Kamera jetzt bis zu sechs Freiheitsgrade. Die Klassifizierung der Objekte bleibt nun nicht mehr auf wenige stabile Lagen der Objekte beschränkt. Es sind vielmehr Methoden zur Klassifizierung eines Objektes aus einer beliebigen Ansicht erforderlich oder, wenn dies nicht möglich ist, aus einer möglichst kleinen Zahl unterschiedlicher Ansichten, die sich durch Mitbewegungen der Kamera am Roboter ergeben.

1.1 Thematische Einordnung der Arbeit

Mit dieser Problematik, die heute unter dem Begriff "Dreidimensionale Bildverarbeitung" oder "3D Computer Vision" zusammengefaßt wird, befassen sich Wissenschaftler seit etwa zwanzig Jahren, bis vor etwa zehn Jahren in nur wenigen Gruppen.

Typische Verfahren in der Literatur arbeiten dabei in folgenden Stufen, die in Bild 1.1 skizziert sind:

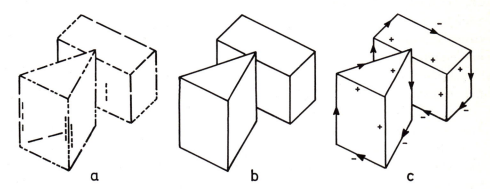

<u>Bild 1.1:</u> Beispiel eines Prozesses zur Bilddeutung:
          a) aus dem aufgenommenen Bild extrahierte Kanten
          b) Linienbild
          c) interpretiertes Linienbild

Zunächst werden aus dem Grauwertbild einer Szene diejenigen Punkte als Kanten extrahiert, die im Bereich abrupter Grauwertübergänge liegen. Das Ergebnis sind wirkliche Kanten eines Objektes, aber auch beispielsweise Kanten von Schatten und Texturen, außerdem müssen die Kanten nicht unbedingt vollständig und zusammenhängend sein.

Nun erfolgt der Versuch, diese Kanten sinnvoll zu verbinden und so Unterbrechungen zu schließen. Hierbei stellt sich beispielsweise die Frage, ob Linien mit einem oder zwei offenen Enden zu entfernen sind oder ob hier wegen Störungen im Bild keine sinnvolle Weiterführung zu finden ist und diese Kanten deshalb dennoch mit in die Interpretation der Szene einbezogen werden sollen.

Ergebnis ist dann ein Linienbild ("line drawing"), das nach Überführung in geeignete Datenstrukturen als dreidimensionale Szene interpretiert werden kann, indem den Linien eine physikalische Bedeutung in Form von Attributen zugeordnet wird (Bild 1.1 c) (/GUZM68, HUFF71, CLOW71, WALT75, FALK72, ROSE76/).

Schließlich erfolgt die Segmentierung des Linienbildes in unterschiedliche Objekte der Szene, angedeutet durch die Folge von Pfeilen auf der Außenkontur, die nun mit im Rechner gespeicherten Objektmodellen zu vergleichen sind.

Dieses Beispiel beschreibt den sogenannten "bottom up"-Prozeß, der von unten, nämlich den einzelnen Bildpunkten, nach oben, einem Modell der Szene, voranschreitet (Bild 1.2) und nicht immer den effizientesten Weg darstellt.

Bei vorhandenem Wissen über die Szene, mögliche Objektklassen und die Orientierung von Objekten kann sehr effizient versucht werden, sofort die Linien mit dem Modell der Objekte zu vergleichen. Dieser "top-down"-Prozeß, auch als "Hypotetisieren und Testen" bekannt, erscheint in der industriellen Bildverarbeitung anwendbar, da hier nur eine begrenzte Zahl von Objekten in der Szene erwartet wird, oft auch in definierter Lage oder zumindest in einer beschränkten Zahl möglicher stabiler Lagen.

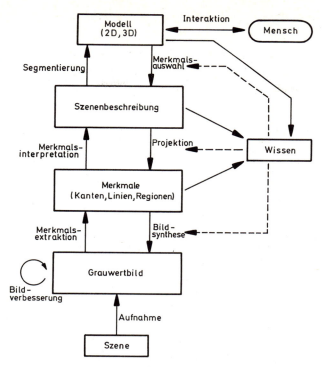

Bild 1.2: Wichtige Verarbeitungsschritte und Informationsstufen der dreidimensionalen Bildverarbeitung

In vielen Fällen ist es zweckmäßig, die einzelnen Stufen nicht unabhängig voneinander streng hierarchisch, sondern heterarchisch zu verketten (/MINS70/) und, abhängig vom Modellwissen sowie vom jeweils aus der Verarbeitung erworbenen Wissen, die weitere Verarbeitung zu planen.

Die Modelle der Objekte lassen sich auf unterschiedliche Weise gewinnen, nämlich in einer Lernphase, bei der die Objekte vor die Kamera gebracht werden und das Modell generiert wird, oder durch Beschreibung des Objektes in einer CAD-Datenbank und Umwandlung dieser Daten in ein Modell zur Szenenanalyse.

Einen recht guten Überblick über die Entwicklung und Verfahren der dreidimensionalen Bildverarbeitung vermittelt Shirai in /SHIR87/.

1.2 Motivation und Zielsetzung der Arbeit

Motivierend für diese Arbeit wirkten beim Literaturstudium zur Problematik der dreidimensionalen Bildverarbeitung folgende Tatsachen:

o   Viele Untersuchungen gehen von synthetischen Linienbildern aus, bei denen alle sichtbaren Kanten der Objekte vorhanden sind.

o   Werden reale Szenen aufgenommen, so sind die Beleuchtungsverhältnisse und die Lage der Objekte so gewählt, daß das Linienbild mit sehr einfachen Vorverarbeitungsalgorithmen erzeugt werden kann.

o   Es sind nur sehr wenige Veröffentlichungen bekannt, die die Linienextraktion aus industriellen Grauwertszenen betrachten.

o   Die zur Kantenhervorhebung, Linienerzeugung und Transformation der Linien in eine Datenstruktur verwendeten Verfahren werden unabhängig voneinander untersucht.

Im Rahmen dieser Arbeit werden daher Verfahren zur Kantenextraktion, zur Linienverfolgung und Transformation des Linienbildes in eine für die dreidimensionale Bildinterpretation geeignete Datenstruktur betrachtet.

Ziel der Untersuchung war es dabei, ein für industrielles Bildmaterial optimales Gesamtverfahren zu entwickeln. Deshalb werden die einzelnen Teilschritte der Verfahren zur Kantenhervorhebung, Linienerzeugung und die Transformation in eine Datenstruktur nicht unabhängig voneinander entwickelt, sondern optimierend aufeinander abgestimmt.

Ein wesentlicher Parameter für den industriellen Einsatz der Bildverarbeitung ist die Verarbeitungszeit. Da meist nur Zeiten im Bereich einer Sekunde zur Verfügung stehen, geht dies sowohl in die Wahl der Algorithmen als auch geeigneter Rechnerarchitekturen ein.

Als Ergebnis wird ein schnelles, parametrisierbares Verfahren vorgestellt, das einen heterarchischen Interpretationsprozeß unterstützt.

1.3 Vorgehensweise und Überblick

Nach Einführung der digitalen Graubildfunktion als rechnerinterner Datenstruktur der aufgenommenen Szene erfolgt in Kapitel 2 eine Betrachtung der Gewinnung dieser Datenstruktur. Heute verwendete Bildaufnehmer werden vorgestellt, deren Nachteile beim Einsatz in der industriellen Bildverarbeitung aufgezeigt und eine für die schnelle Bildverarbeitung geeignetere Struktur vorgeschlagen. Um den Informationsverlust bei der Aufnahme der Szene zu vermindern, ist es weiterhin wichtig, durch geeignete Beleuchtung günstige Randbedingungen für die Aufnahme zu schaffen und einige Aufnahmeparameter zu regeln.

Dann schließt sich eine Betrachtung der Randbedingungen für die Datenverarbeitung, Datenvolumen und Verarbeitungszeit an, die wesentlichen Einfluß auf die Rechnerarchitektur haben.

Nach Vorstellung unterschiedlicher Rechnerarchitekturen, die in der digitalen Bildverarbeitung Verwendung finden, werden schließlich die Rechnerarchitektur und der Datenfluß des in dieser Arbeit entwickelten Gesamtsystems anhand eines Blockschaltbildes vorgestellt und die globale Funktionsweise des Verfahrens erläutert. Die Funktion der einzelnen Elemente des Blockschaltbildes wird in den weiteren Kapiteln der Arbeit behandelt.

Im dritten Kapitel werden Methoden zur Kantenhervorhebung vorgestellt, die im Rahmen dieser Arbeit untersucht wurden.

Um die Ergebnisse der Kantenhervorhebungsalgorithmen und der Linienverfolgung zu bewerten, war die Implementierung geeigneter Verfahren erforderlich. Im vierten Kapitel werden daher die aus der Literatur bekannten Verfahren vorgestellt und auf Eignung untersucht. Da keines dieser Verfahren geeignet erschien, wurden zwei neue Verfahren entwickelt, deren Beschreibung und Bewertungsergebnisse sich anschließen. Das erste Verfahren erzeugt ideale Grauwertkanten und dient der qualitativen Bewertung von Kantenhervorhebungsalgorithmen, während das zweite Verfahren auf Realbildern basiert und geeignet ist, sowohl die Kantenhervorhebungsalgorithmen als auch die Linienverfolgung zu bewerten.

Nach einer Betrachtung von Verfahren zur Weiterverarbeitung und Verbesserung der Ergebnisse der Kantenhervorhebung werden im fünften Kapitel zwei Verfahren vorgeschlagen, die im seriellen Bilddatenstrom arbeiten. Das erste Verfahren verdünnt die im Bild vorhandenen Kanten auf die Breite eines Bildpunktes, während das zweite Verfahren alle dominierenden Kanten des Bildes in eine Datenstruktur für die symbolische Verarbeitung überführt und ein für die Linienverfolgung geeignet umcodiertes Bild erzeugt. Es ist somit möglich, alle dominierenden Kanten der Szene (meist die Außenkonturen der Objekte) im seriellen Datenstrom zu extrahieren und für eine Interpretation der Szene zur Verfügung zu stellen.

Im sechsten Kapitel werden Verfahren zur Kantenverfolgung untersucht, einerseits mit dem Ziel, die bisher gefundenen dominierenden Kanten zu verlängern und Lücken zu schließen, und zum anderen, um weitere schwächere Kanten der Szene zu finden.
Geeignete Verfahren basieren auf graphentheoretischen Algorithmen, deren wichtigste Grundbegriffe zunächst vorgestellt werden. Als Startpunkte für die Kantenverfolgung dienen einerseits die Endpunkte der dominierenden Kanten, die als Ergebnis des vorangegangenen Schrittes in Form einer Tabelle vorliegen. Es wird zusätzlich ein Verfahren vorgestellt, das im Datenstrom die wahrscheinlichsten Elemente schwächerer Kanten als weitere Startpunkte für die Linienverfolgung bereitstellt.

Somit ist eine heterarchische Interpretation der Szene möglich, aufbauend auf den dominierenden Kanten, die in Form einer Datenstruktur vorliegen. Zunächst können die wichtigeren Außenkonturen, die meist den dominierenden Kanten entsprechen, verfolgt und danach erst entweder die schwächeren Kanten der Szene oder, wenn die Szeneninterpretation schon Annahmen über die Lage zusätzlicher Kanten ermöglicht, erst diese Bereiche untersucht werden.

Die anschließende Betrachtung einer möglichen Beschränkung der Anzahl und Art der zu untersuchenden Wege trägt mit zur Beschleunigung der Kantenverfolgung bei.

Dann wird eine multidimensionale Kostenfunktion zur Kantenverfolgung vorgestellt, die neben den Bildinformationen auch globale und lokale Merkmale der Kurve bewerten kann, um so auch Heuristiken mit in die Verfolgung einzubeziehen.

Als Verfolgungsalgorithmen werden zunächst ein iterativer und ein rekursiver Suchalgorithmus untersucht, wobei ein ternärer Baum die zu verfolgenden Wege beinhaltet. Eine Darstellung der zu verfolgenden Wege als kreisfreier Graph führt zu einer Verminderung der Zahl der zu untersuchenden Knoten und Kanten und erlaubt zudem die Anwendung von Algorithmen der Graphentheorie. Als erfolgversprechendste Algorithmen wurden die Algorithmen von Ford und Dijkstra untersucht.

Abschluß des Kapitels bilden Betrachtungen der Rechenzeit der Algorithmen und der Vorschlag einer Mehrrechnerstruktur zur schnellen Linienverfolgung.

2 Randbedingungen der Bildaufnahme und -verarbeitung sowie Blockschaltbild des Gesamtsystems

2.1 Die digitale Graubildfunktion

Grundlagen einer digitalen Graubildverarbeitung bilden die optische Abbildung einer realen Szene auf die zweidimensionale Fläche eines lichtempfindlichen Sensorelementes und die Überführung dieses werte- und ortskontinuierlichen Signals in eine werte- und ortsdiskrete Graubildfunktion $\underline{G} = \{ g(x,y) \}$.

Die Ortsdiskretisierung, auch Abtastung genannt, erstreckt sich auf ein rechteckiges Gebiet mit N_x Bildpunkten in horizontaler und N_y Bildpunkten in vertikaler Richtung. Die Intensitätswerte des reflektierten Lichtes werden quantisiert in N_g verschiedene, diskrete Grauwerte. Für die Abtastung sei angenommen, daß das Abtasttheorem erfüllt, das Signal also bandbegrenzt ist.

Die digitale Graubildfunktion kann daher als Matrix dargestellt werden (Bild 2.1). Eine Zeile der Bildmatrix wird als Bildzeile, eine Spalte als Bildspalte und ein Element der Bildmatrix mit den Ortskoordinaten (i,j) als Bildelement oder Pixel (von engl.: picture element) bezeichnet, das den Grauwert

$$g(i,j) \in \{ 0,1, \ldots N_g-1 \}$$

annimmt.

In der Bildmatrix hat jeder Bildpunkt zwei Arten von Nachbarn. Als Vierernachbarn oder 4-Nachbarn des Punktes $P = (i,j)$ bezeichnet man die Bildpunkte, für die gilt:

$$N_4 = \{ (k,l) \mid |k-i| + |l-j| = 1 \}$$

Die Achternachbarn oder 8-Nachbarn eines Bildpunktes beinhalten zusätzlich die diagonalen Nachbarn:

$$N_8 = \{ (k,l) \mid MAX(|k-i|, |l-j|) = 1 \}$$

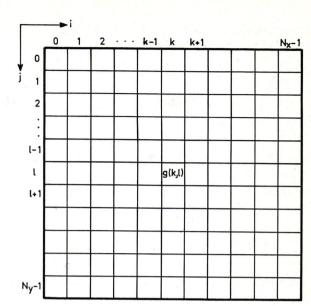

$i \in \{0,1,\ldots,N_x-1\}$
$j \in \{0,1,\ldots,N_y-1\}$
$g(i,j) \in \{0,1,\ldots,N_g-1\}$

<u>Bild 2.1:</u> Die digitale Graubildfunktion

Die Definition des Abstandes zwischen zwei Bildpunkten (x_1, y_1) und (x_2, y_2) kann auf unterschiedliche Art erfolgen:

Die euklidische Distanz beträgt

$$d_e = \sqrt{(x_1-x_2)^2 + (y_1-y_2)^2} \quad ,$$

die Schachbrettdistanz

$$d_s = \text{MAX}(\,|x_1-x_2|,\,|y_1-y_2|\,).$$

In der Schachbrettdistanz gilt also für die Distanz aller 8-Nachbarn $d_s = 1$, während in der euklidischen Distanz nur die 4-Nachbarn den Abstand $d_e = 1$ haben.

2.2 Bildaufnehmer

Als Bildaufnehmer kommen für die schnelle Digitalisierung des Grauwertbildes einer Szene nur Aufnehmer mit der Fähigkeit, die Information innerhalb einer Zeit von weniger als 50ms bereitzustellen, in Frage. Die beiden verbreitetsten Bildaufnehmer dieser Art sind Kameras mit Vidikon-Bildaufnahmeröhre und seit einigen Jahren zunehmend auch Halbleiter-Bildaufnehmer.

Beim <u>Vidikon-Bildaufnehmer</u> (Bild 2.2) wird die Szene durch eine lichtdurchlässige Elektrode auf eine Schicht mit lichtabhängigem Widerstand abgebildet. Diese Schicht kann als Matrix von Bildpunkten betrachtet werden, bestehend aus jeweils einem Kondensator und einem beleuchtungsabhängigen parallelen Widerstand, der diesen entlädt. Ein Elektronenstrahl wird zeilenweise über die Matrix geführt und lädt die Kondensatoren auf, die über den lichtabhängigen Widerstand bis zum nächsten Abtasten wieder entladen werden. Da sich der Widerstand mit zunehmender Lichtintensität verringert, hängen die Ladung und damit auch die Stromstärke zur Wiederaufladung des Kondensators von der auf die Fläche des Bildpunktes auftreffenden Lichtstärke ab.

Nachteile der Vidikon-Bildaufnehmer sind hauptsächlich der relativ hohe mechanische und elektronische Aufwand, um den Elektronenstrahl so zu führen, daß das Bild der Szene geometriegetreu abgetastet wird, sowie die im Vergleich zum Halbleiter-Bildaufnehmer größeren Abmaße und ihre Empfindlichkeit bezüglich von außen einwirkenden Magnetfeldern.

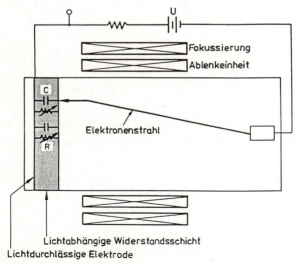

<u>Bild 2.2:</u> Funktionsprinzip des Vidikon-Bildaufnehmers

Beim <u>Halbleiter-Bildaufnehmer</u> ist eine Matrix von lichtempfindlichen Elementen auf einem Chip integriert. Die Bildgröße von derzeit wirtschaftlich einsetzbaren Kameras beträgt etwa 600x600 Bildpunkte. Ähnlich wie bei der Vidikon-Kamera wird auch hier die lichtempfindliche Fläche für eine feste Zeit belichtet und dann das Bild bildpunktweise zum Ausgang transferiert.

Die ersten Aufnehmer bestanden aus einer Matrix von MOS-Transistoren oder MOS-Kapazitäten, deren durch das Licht aufgebrachte Ladung durch eine X-Y Adressierungstechnik ausgelesen wurde (Bild 2.3 a).

Der heute typische Aufnehmer ist das "Charge-Coupled Device" (CCD), das als eine Matrix von dicht benachbarten MOS-Kapazitäten aufgebaut ist und Ladungen ähnlich wie ein Schieberegister weiterleitet. Die Ladungen werden in der Bildaustastzeit in einen Bild-Zwischenspeicher auf dem Chip transferiert (Frame-Transfer) und während der Integration des nächsten Bildes ausgelesen. Dies geschieht durch Weiterleitung von Ladungen zum jeweiligen Nachbarelement, indem eine Folge von Taktimpulsen an zwischen den Kapazitäten liegende Elektroden gelegt wird (Bild 2.3 b). Eine weitere Methode des Transfers bildet die Ladungsübernahme in ein den Bildpunkten jeweils benachbartes Schieberegister (Interline-Transfer) und ein zeilenweises Auslesen dieser Schieberegister.

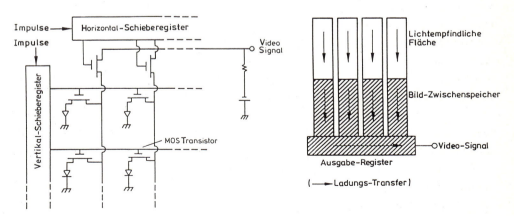

<u>Bild 2.3:</u> Funktionsprinzipien von Halbleiterbildaufnehmern
          a) MOS-Transistor-Bildaufnehmer
          b) CCD-Aufnehmer (Frame-Transfer)

Dies bringt jedoch den Nachteil mit sich, daß nicht die gesamte Fläche des Bildpunktes lichtempfindlich ist, da das Schieberegisterelement einen Teil der Fläche bedeckt.

Es gibt mittlerweile auch eine Vielzahl von Firmen, die CCD-Chips unterschiedlicher Hersteller und Auflösung in Kamerasysteme integrieren. Die Merkmale dieser Kamerasysteme erscheinen auf den ersten Blick beachtlich, da in einer Baugröße von oft weniger als 100 cm^3 neben dem CCD-Chip und dessen Ansteuerelektronik auch eine Gamma-Korrektur, automatische Verstärkungsregelung (AGC), Schwarzwertklemmung sowie meist eine Ansteuerschaltung für Auto-Iris-Optiken integriert sind und genormte Synchronsignale (CCIR oder EIA) dazugemischt werden. Auch sind Kamerasysteme verfügbar, bei denen der Sensorkopf, d.h. die Optik und der CCD-Chip, von der übrigen Elektronik abgesetzt und über Kabel verbunden ist. Da die Hersteller dieser Kameras den industriellen Einsatz betonen, entsteht der Eindruck, wie auch Pough in /PUGH86/ feststellt, daß Vision-Sensoren für den Roboter einsatzbereit verfügbar sind.

In Wirklichkeit sind alle CCD-Kameras in erster Linie für den Einsatz im Video- und Überwachungsbereich konzipiert, wenn auch einige Firmen schrittweise in Richtung einer Verwendung im Robotik-Bereich gearbeitet haben. So erfolgte beispielsweise eine Anpassung der Bauform und der mechanischen Robustheit einiger Kameras an industrielle Bedürfnisse. Daß bisher keine Schritte zur Unterstützung einer schnellen Bildverarbeitung unternommen werden, ist leicht zu erkennen an der dafür ungünstigen Struktur des Ausgangssignals der Kamera als genormtes BAS-Signal im Zeilensprung-Verfahren (Interlace), d.h. in einem ersten Halbbild werden alle ungeraden Zeilen des Bildes ausgegeben, während das zweite Halbbild alle geraden Zeilen beinhaltet.

Für lokale Operatoren, die auf Bildausschnitten arbeiten (z.B. Glättung, Differenzierung...), ist es für eine On-Line-Verarbeitung aber notwendig, gleichzeitig mehrere benachbarte Zeilen für einen Zugriff zur Verfügung zu haben. Dies kann bisher nur nach Zwischenspeicherung des ersten Halbbildes und anschließender Verarbeitung mit dem Auslesen des zweiten Halbbildes erfolgen. Weiterhin eignet sich dieses Verfahren nicht bei bewegter Kamera und/oder Objekten, da die beiden Halbbilder zu unterschiedlichen

Zeiten integriert werden und so die bewegten Objekte eine unterschiedliche Lage in beiden Halbbildern aufweisen. Hier wäre also unbedingt eine andere Schnittstelle zu schaffen, zumal dann auch eine kürzere Einstellung der Integrationszeit (Blitzbeleuchtung in der Bewegung) und eine höhere Auslesegeschwindigkeit der CCD-Chips möglich wären als bei der heutigen Norm.

2.3 Beleuchtung, Blendeneinstellung und Randbedingungen der Szene

Die wichtigste Voraussetzung für die Auswertung einer Graubildszene besteht im möglichst geringen Informationsverlust bei der Aufnahme der Szene. Für die Ortsdiskretisierung sind die Randbedingungen durch die Bildpunktzahl des Bildaufnehmers festgelegt, wobei es allerdings auch zu bedenken gilt, daß der Verarbeitungsaufwand mit der Bildgröße wächst. Bei der Quantisierung der Graustufen ist durch den Analog-Digitalwandler und durch die Wortbreite des Bildspeichers die maximale Zahl der Quantisierungsstufen N_g vorgegeben. Man nimmt jedoch einen Informationsverlust in Kauf, wenn nicht der volle Wertebereich bei der Digitalisierung der Szene ausgenutzt wird.

Der Wertebereich des digitalisierten Bildes hängt von folgenden Einflußgrößen ab:

- Beleuchtung der Szene
- Blendenöffnung der Kamera
- Verstärkung des Videosignals in der Kamera
  (automatische Verstärkungsregelung)
- Verstärkung des Videosignals vor dem A/D-Wandler
- Transformationen des digitalen Bildsignals
  (Lookup-Tabellen)

Um den Informationsgehalt der Bildfunktion zu maximieren, gilt es allerdings zu beachten, daß sich die drei letztgenannten Größen nicht eignen, denn sie können nur den Wertebereich der Bildfunktion nach Erfassen der Szene durch den Bildaufnehmer linear oder nichtlinear auf den vollen Wertebereich der Graubildfunktion transformieren. Dies erbringt keinen Informationsgewinn, wenn auch der menschliche Betrachter einen besseren optischen Gesamteindruck nach der Transformation gewinnt. Es ist daher erforderlich, durch Regelung der Blendenöffnung und Verwendung einer geeigneten Beleuchtung der Szene eine möglichst große Dynamik des Ausgangssignals des Bildaufnehmers zu erzeugen und mit der Verstärkung des elektrischen Signals nur eine Transformation zur Ausnutzung des gesamten Eingangswertebereiches des A/D-Wandlers durchzuführen.

Daraus ergibt sich die Notwendigkeit, bisher autonom arbeitende Systeme (wie z.B. Auto-Iris) für eine Parametrisierung oder Regelung über eine digitale Schnittstelle zugänglich zu machen (Bild 2.4). Bei einer geeigneten Gestaltung des Arbeitsraumes können sich die Regelung der Beleuchtung oder die Regelung der Verstärkung erübrigen, nämlich dann, wenn es z.B. gelingt, einen Arbeitsraum so auszuleuchten, daß für alle notwendigen Kamerapositionen nach Einstellung der Verstärkung auf einen festen Wert allein die Blendenregelung eine Ausnutzung des vollen Wertebereiches der digitalen Graubildfunktion bewirkt.

Eigene Experimente bezüglich der Anordnung der Beleuchtung wiesen die besten Ergebnisse auf bei einer indirekten Beleuchtung der Szene, jedoch entstehen, bedingt durch die unterschiedlichen Einfallsrichtungen des Lichtes der einzelnen Lichtquellen auf das Objekt relativ zur Kameraposition, an den Kanten des Objektes Schatten, die bei der Verarbeitung der Szene als zusätzliche,

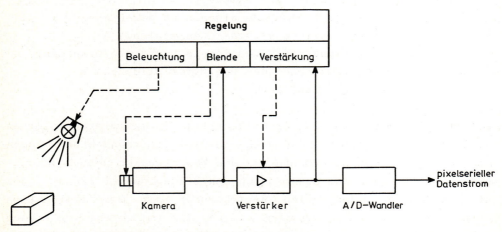

Bild 2.4: Regelung der Aufnahmeparameter

wenn auch schwache Kanten auftreten. Eine regelbare Lichtquelle, deren Licht radialsymmetrisch zur optischen Achse austritt (ringförmige Beleuchtung um die Optik, Ringblitz), bringt hier eine Minderung des Schattenwurfes. Allerdings muß die Regelung dieser Lichtquelle auf die Verarbeitung der Bilddaten abgestimmt sein, da eine zu starke Beleuchtung Reflektionen an Flächen erzeugen kann, deren Normalen parallel zur optischen Achse liegen. Dies bewirkt bei ebenen Flächen einen hohen Bildkontrast zwischen diesen Flächen und der übrigen Szene sowie bei zylindrischen Flächen eine hellere Linie, die fälschlich als innere Kante des Objektes gedeutet werden kann.

2.4 Ein System zur schnellen Vorverarbeitung

2.4.1 Randbedingungen, Datenvolumen und Verarbeitungszeit

Beim Entwurf eines industriellen Bildverarbeitungssystems wirken mehrere Einflußgrößen bestimmend auf die Struktur des Gesamtsystems ein, nämlich das Datenvolumen, die geforderten Verarbeitungsalgorithmen, die dazu zur Verfügung stehende Rechenzeit und schließlich die Randbedingungen des industriellen Prozesses selbst.

Der Bildverarbeitung in der Robotik wird ein enger Zeitrahmen gesetzt. Für komplexe Auswertungen von Szenen liegen diese Zeiten im Bereich weniger Sekunden, während üblicherweise Zeiten von weniger als einer Sekunde gefordert werden (/PUGH 86b/). Dies erfordert eine sorgfältige Auswahl der Verarbeitungsverfahren, Untersuchung der Verarbeitungszeiten und Überlegungen zum Datenfluß im System.

Bei einer räumlichen Anordnung des Bildaufnehmers im Greifer eines Industrieroboters oder in dessen Nähe ist es nicht möglich, die Bilddaten in unmittelbarer Nähe des Bildaufnehmers zu verarbeiten, da hier nur schwer elektromagnetische Störungen abzuschirmen sind, hohe Beschleunigungskräfte auftreten, zudem meist nur kleine Bauvolumina zur Verfügung stehen und das Gewicht der Sensorik die maximal zu handhabende Last vermindert. Die Bilddaten sind daher vom Bildaufnehmer zu einer Verarbeitungseinheit zu transportieren, wobei hier oft Kabellängen von 20 Metern und mehr auftreten.

Legt man für die Berechnung des Datenaufkommens die heute in Europa übliche Integrationszeit von 20 ms zugrunde (50 Halbbilder je Sekunde) bei einer Bildgröße von 512x512 Bildpunkten, so ergibt sich eine Datenrate von 6,55 Millionen Bildpunkten je Sekunde.

Den Transport dieser Datenmenge über eine solche Entfernung ermöglicht prinzipiell nur eine bildpunktserielle Übertragung, wobei drei Verfahren möglich sind, nämlich:

- o analoge Signalübertragung (heute üblich),
- o wortparallele digitale Übertragung oder
- o bitserielle digitale Übertragung.

Der größte Nachteil der heutigen analogen Signalübertragung liegt wohl in der Tatsache, daß das ortsdiskrete Signal des CCD-Chips tiefpaßgefiltert und in ein BAS-Signal überführt wird, wo jeder Bezug zum diskreten Bildpunkt des CCD-Chips verlorengeht. Zudem unterliegt das Signal bei der Signalaufbereitung und auf dem Übertragungsweg (Dämpfung, Tiefpaßcharakter der Leitung) einer Vielzahl von Störquellen, so daß sich die digitale Signalübertragung als zweckmäßiger erweist.

Wünschenswert erscheint also eine auf dem Chip integrierte oder zumindest dem Ausgang des Chips unmittelbar nachgeschaltete Analog-Digitalwandlung. So steht ein wortparalleler digitaler (bildpunktserieller) Datenstrom zur Verfügung, der proportional zur Ladung und damit zur Menge des auf das ortsdiskrete Bildelement des CCD-Chips auftreffenden Lichtes ist. Als weiterer Vorteil ergibt sich eine in horizontaler und vertikaler Richtung übereinstimmende Maßstabsskalierung bei quadratischer Struktur der Chip-Zelle.

Einer digitalen Datenübertragung in wortparalleler Form steht der Nachteil der hohen Adernzahl der Leitungen im Wege, da hier nur mit Twisted-Pair-Leitungen übertragen werden kann, was mindestens $2*N_b$ (mit N_b = Wortbreite in Bit) Adern erfordert, während bei bitserieller Übertragung für die Übertragungsbandbreite von etwa 50 MBaud bei N_b = 8 ein Koaxialkabel oder Lichtleiter ausreicht. Daher empfiehlt sich für die Übertragung die Umwandlung in einen seriellen Datenstrom, der mit entsprechend höherer Baudrate übertragen und in der Verarbeitungseinheit zurückgewandelt wird.

2.4.2 Rechnerarchitekturen für die Bildverarbeitung

Beim Entwurf schneller Bildverarbeitungssysteme stehen sich zwei konträre Forderungen gegenüber: Einerseits besteht die Forderung nach sehr schneller Verarbeitung der sehr großen Datenmenge des Bildes, die oft nur mittels festverdrahteter Hardwareprozessoren erreicht werden kann, und andererseits eine möglichst hohe Flexibilität der Verarbeitung, was nur durch geeignete Parallelverarbeitung mit einer hohen Zahl programmierbarer Rechenelemente zu realisieren ist. Im industriellen Bereich stellt der Preis des Gesamtsystems schließlich oft eine weitere einschränkende Vorgabe dar.

Man kann alle bisher speziell für die Bildverarbeitung realisierten und vorgeschlagenen Rechnerarchitekturen in drei Gruppen einteilen:

- o SIMD-Architekturen (__S__ingle __I__nstruction __M__ultiple __D__ata)
- o MIMD-Architekturen (__M__ultiple __I__nstruction __M__ultiple __D__ata)
- o Pipeline-Architekturen

Die Prozessoren der beiden erstgenannten Architekturen arbeiten in der Regel parallel zueinander, während die Pipeline eine rein serielle Architektur darstellt, die allerdings lokal parallel arbeiten kann.

Ein Ansporn zur Entwicklung von __SIMD-Architekturen__, auch als Feldrechner, Systolic Array oder Zellulare Logik bekannt, war die Tatsache, daß viele Algorithmen der ikonischen Bildverarbeitung nur Bildpunkte der lokalen Nachbarschaft benötigen, allerdings für jeden Bildpunkt durchzuführen sind. Diese Architekturen (Bild 2.5) arbeiten mit einer hohen Zahl recht einfacher Prozessoren bei sehr regulärer Vernetzung, nämlich meist nur als zweidimensionales Feld mit Verbindungen zur Vierer-Nachbarschaft (z.B. DAP, MPP, GRID, GAPP), in einigen Fällen auch zur Achter-Nachbarschaft (CLIP4, NTT, PCLIP, LIPP). Ein Kontroll-Prozessor bzw. Mikrokontroller versorgt parallel alle Prozessoren mit gleichem Programm, das auch den Transport der Daten in das Prozessor-Array durchzuführen hat. Im Gegensatz zum ersten realisierten SIMD-Rechner, der ILLIAC IV mit einem 8x8 Array von Prozessoren der Wortbreite 64 Bit, sind die heutigen Arrays als Teilarrays (6x12 beim GAPP) von 1-Bit Prozessoren mit relativ kleinem lokalem Speicher (32 Bit ... 1KBit) kaskadierbar auf einem Chip integriert. Einen recht guten Überblick über realisierte Systeme und Systeme im Forschungsstadium bietet (/KITT85/).

Die Leistungsfähigkeit dieser Rechnerarchitektur liegt nicht in der Rechengeschwindigkeit der Prozessoren - sie haben meist Zykluszeiten von 100ns und benötigen für eine 8-Bit Addition daher etwa 1µs, sind also mit Standardmikroprozessoren vergleichbar -, sondern in der massiven Parallelverarbeitung und im getrennten Bussystem für Daten und Code.

Einen recht hohen Aufwand erfordert bei diesen Systemen neben der sehr sorgfältigen Planung der Algorithmen die schnelle bitserielle Bereitstellung der Bilddaten, da meist eine aufwendige Hardware benötigt wird, um die Daten geeignet und schnell in das Prozessorarray zu bringen.

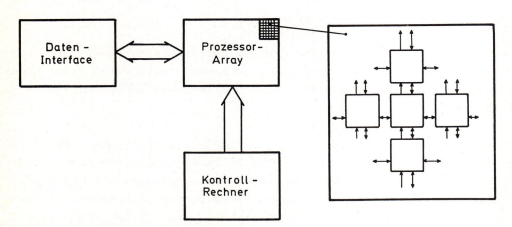

Bild 2.5: Die SIMD-Architektur

Ein Nachteil der SIMD-Architekturen liegt in der Tatsache, daß der Algorithmus erst nach Versorgung des Arrays mit Daten starten kann. Dies bedeutet, daß das gesamte Bild, oder zumindest eine Zahl von Zeilen, die der minimalen Kantenlänge des Prozessorarrays entspricht, vorliegen muß. Weiterhin sind nur reguläre Operationen auf einer begrenzten lokalen Nachbarschaft effizient zu implementieren und keine Operationen auf ausgedehnteren Teilen des Bildes oder inhaltsabhängige Operationen, wie sie beispielsweise bei der Kantenverfolgung notwendig sind.

MIMD-Architekturen bestehen aus einer Anzahl von Prozessoren mit eigenem lokalem Speicher, der sowohl das Programm als auch die lokalen Daten des Prozessors enthält, und einem Verbindungsnetzwerk zur Kommunikation zwischen den Prozessoren (Bild 2.6). Das Verbindungsnetzwerk kann realisiert sein als gemeinsamer Speicher, der beispielsweise auch als Bildspeicher dient, als gemeinsamer Bus (GPIB, ETHERNET, VMS-Bus ...) oder als schneller Datenkanal, der fest oder variabel verschaltbar ist. Dabei können die Prozessoren vollständig oder teilweise vermascht sein.

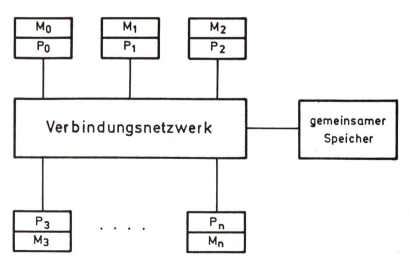

Bild 2.6: Die MIMD-Architektur

Der wichtigste Vorteil der MIMD-Architektur liegt wohl darin, daß die inhärente Parallelität der Verarbeitungsalgorithmen ausgenutzt werden kann, den Algorithmus in gleiche oder unterschiedliche Teilprozesse aufzuspalten und diese als Unterprozesse auf den Prozessoren des Netzwerkes parallel ausführen zu lassen. Die Zahl der Prozessoren ist bei MIMD-Architekturen in aller Regel kleiner als bei SIMD-Architekturen, allerdings handelt es sich meist um sehr leistungsfähige Standard-Mikroprozessoren oder RISC-Prozessoren, die in Hochsprachen zu programmieren sind. Da die Prozessoren unabhängig voneinander mit gleichem oder unterschiedlichem sequentiellem Programm verschiedene Daten verarbeiten, wird ein globales Betriebssystem benötigt, das die Prozesse verwaltet und Kommunikations- und Synchronisationsmechanismen in Hard- und Software zur Verfügung stellt.

Wesentliche Einflüsse auf die Leistungsfähigkeit einer MIMD-Architektur haben die Anzahl und die Leistungsfähigkeit der Prozessoren, die Verbindungsstruktur und die Methode sowie der Umfang der Kommunikation. Engpässe in solchen Systemen verursachen meist der Zugriff auf gemeinsame Ressourcen (Speicher, Massenspeicher, usw.) und ein zu hoher Kommunikationsanteil zwischen den Prozessen.

Die **Pipeline** ist eine mehrstufige serielle Architektur, die auf einen seriellen Datenstrom mehrere Operationen zeitlich aufeinanderfolgend anwendet. Durch die Möglichkeit, Operationen zeitlich parallel durchzuführen, können mehrere aufeinanderfolgende Daten gleichzeitig bearbeitet werden (Bild 2.7).

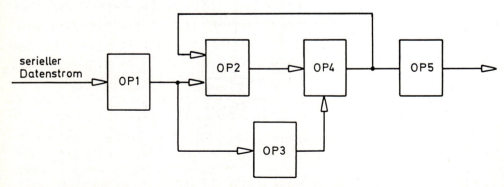

<u>Bild 2.7 a:</u> Beispiel einer Pipeline-Architektur

Zeit Ti	T0	T1	T2	T3	T4	T5	T6	T7	T8	T9	T10
Eingang	D0	D1	D2	D3	D4	D5	..				
Op. 1		D0	D1	D2	D3	D4	D5	..			
Op. 2			D0	D1	D2	D3	D4	D5	..		
Op. 3			D0	D1	D2	D3	D4	D5	..		
Op. 4				D0	D1	D2	D3	D4	D5	..	
Op. 5					D0	D1	D2	D3	D4	D5	..
Ausgang						D0	D1	D2	D3	D4	D5

(Di = Datum i)

<u>Bild 2.7 b:</u> Zeitlicher Datenfluß der Pipeline-Architektur

Elemente der Pipeline sind Register, arithmetische und logische Einheiten, die über Bus-Systeme fest oder durch einen Steuervektor programmierbar miteinander verbunden sind.

Auch hier besteht wieder die Diskrepanz zwischen Allgemeingültigkeit einerseits bei gleichzeitig höherem Aufwand und Einbuße an Geschwindigkeit und andererseits einer höheren Arbeitsgeschwindigkeit bei gleichzeitiger Beschränkung der Verarbeitungsmöglichkeiten. Gleiche Überlegungen gelten für das Zuführen der Daten in und aus der Pipeline, da auch hier ein Kompromiß zwischen Flexibilität und starrer Organisation zu treffen ist.

Betrachtet man heute realisierte programmierbare Pipeline-Strukturen, wie beispielsweise DIP-1 (/GERR81/) oder den Image-Pipeline-Prozessor µPD 7281 (/TEMM85/), so sind diese bei typischen Vorverarbeitungsalgorithmen um den Faktor 10 bis 100 langsamer als der eingehende Datenstrom der Kamera mit einer Datenrate von etwa 6,55MByte/s bei einer Bildgröße von 512x512 Bildpunkten.

Bedingt durch die Fortschritte beim Design und der Herstellung von VLSI- und LSI-Chips sowie die Preisentwicklung für die Herstellung solcher Chips, ist in den letzten Jahren eine Entwicklung weg von programmierbaren Rechnerstrukturen in Richtung spezieller Chips für eine Klasse von parametrisierbaren Algorithmen oder fester Operationen zu beobachten. Hier wird die Flexibilität des Systems bewußt aufgegeben, um eine Anwendung spezieller Algorithmen mit entsprechend höherer Geschwindigkeit zu ermöglichen. Beispiele hierfür sind /MCIL84/, die VLSI-Realisierung eines einfachen Differential-Operators (Roberts), die Realisierung von Elementen zum Aufbau von FIR-Filtern in /SELM84/, wo ein 3x1-Element zur Faltung mit 4-Bit Koeffizienten realisiert wurde, oder das seit Ende 1987 verfügbare Chip PDSP16401 der Firma Plessey, das den Gradientenbetrag und die Gradientenrichtung durch Faltung eines Bildausschnittes der Göße 3x3 Bildpunkte mit vier festverdrahteten Masken bestimmt. Weiterhin sind Bauelemente aus dem Bereich der eindimensionalen digitalen Signalverarbeitung für hohe Taktraten entwickelt worden, die -wenn auch mit recht hohem Aufwand für die Datenbereitstellung und Nachverarbeitung- auch im Bereich der Bildverarbeitung einsetzbar sind, wie beispielsweise der 32x1 FIR-Filter A100 von INMOS.

2.4.3 Rechnerarchitektur des Systems

Hier sollen zunächst anhand eines Blockschaltbildes der Architektur des Systems ein Überblick über das gesamte Verfahren ermöglicht sowie das Zusammenwirken der einzelnen Module und der Datenfluß durch das System erläutert werden. Dabei erübrigt sich ein näheres Eingehen auf die Algorithmen, da diese Gegenstand der Betrachtung der weiteren Kapitel der Arbeit sind.

Beim Entwurf der Rechnerarchitektur des Systems und der Untersuchung der Algorithmen zur Lösung des Problems lag die Überlegung zugrunde, daß bei der Bildverarbeitung im industriellen Bereich maximal Zeiten im Bereich einer oder weniger Sekunden zur Verfügung stehen. Es wurden daher Verfahren untersucht und entwickelt, die in der Lage sind, die ikonischen Daten möglichst im zeilenweisen pixelseriellen Datenstrom der Kamera zu verarbeiten. Eine notwendige Adaption von Parametern kann in zwei Bildzyklen erfolgen, und nach maximal 100ms stehen einer übergeordneten Verarbeitung erste komplexere Datenstrukturen, beispielsweise die stärksten im Bild vorhandenen Kanten, zur Weiterverarbeitung zur Verfügung.

Bild 2.8: Blockschaltbild des Gesamtsystems

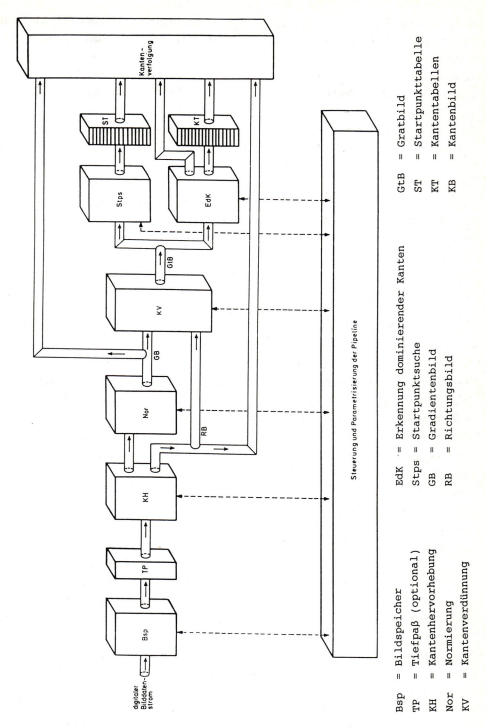

Bsp = Bildspeicher
TP = Tiefpaß (optional)
KH = Kantenhervorhebung
Nor = Normierung
KV = Kantenverdünnung

EdK = Erkennung dominierender Kanten
Stps = Startpunktsuche
GB   = Gradientenbild
RB   = Richtungsbild

GtB = Gratbild
ST = Startpunkttabelle
KT = Kantentabellen
KB = Kantenbild

Die schnelle Vorverarbeitung der ikonischen Bilddaten geschieht in einer Makro-Pipeline von Modulen (Bild 2.8), durch die der serielle Datenstrom geeignet geführt wird. Die Module sind intern wiederum als Pipeline aufgebaut und arbeiten mit dem Bildpunkttakt des eingehenden Datenstroms. Damit ist gewährleistet, daß die Verarbeitung der Daten eines Vollbildes nur die Zeit der Bildintegration (heute üblicherweise 40ms, da 50 Halbbilder je Sekunde) zuzüglich der Durchlaufzeit der gesamten Pipeline benötigt.

Das Bild kann zunächst in einem <u>Bildspeicher</u> (Bsp) zwischengespeichert werden. Diese Notwendigkeit besteht nur, wenn eine Kamera im Halbbildverfahren arbeitet, um das Bild zeilensequentiell in die Pipeline einzuleiten, oder wenn eine Szene an einem definierten Ort aufgenommen und verarbeitet werden soll bei gleichzeitiger Weiterbewegung der Kamera. Arbeitet die Kamera im Vollbildverfahren, und ist sie in der Lage, ein Bild von außen gesteuert im Speicher des CCD-Chips für die Zeit zweier Bildzyklen zu halten, so kann dieser Bildspeicher entfallen.

Vor das <u>Kantenhervorhebungsmodul</u> (KH) kann ein <u>Filter</u> (TP) zur Glättung des Bildes geschaltet werden, um Rauschen des Bildes zu unterdrücken. Das Kantenhervorhebungsmodul liefert zwei Bilddatenströme, nämlich das sogenannte Gradientenbild (GB), das für jeden Bildpunkt eine Wahrscheinlichkeit für das Vorhandensein einer Kante an diesem Ort enthält, und das Richtungsbild (RB), in dem die Richtung der Normalen einer an diesem Ort vorhandenen Kante codiert ist. Das Gradientenbild, das zunächst mit einer größeren Wortbreite vorliegt, wird wieder auf den Wertebereich von 8 Bit normiert (Nor).

Aus Gradienten- und Richtungsbild erfolgt im <u>Kantenverdünnungsmodul</u> (KV) die Extraktion des Gratbildes (GtB), das nur noch Kanten der Breite eines Bildpunktes enthält. Dieses Gratbild liegt der Extraktion aller <u>dominierenden Kanten</u> (EdK) zugrunde, die in einem umcodierten Kantenbild und als Kantentabelle KT (Liste L1 und L2) zur weiteren Kantenverfolgung und der übergeordneten Verarbeitung zur Verfügung stehen.

Schließlich werden in einer parallelen Pipeline (Stps) Startpunkte weiterer Kanten extrahiert und in einer sortierten Liste der Kantenverfolgung zugeführt.

Das **Kantenverfolgungsmodul** kann als MIMD-Rechnerarchitektur realisiert werden; eine eingehende Diskussion unterschiedlicher Algorithmen zur Kantenverfolgung bietet Kapitel 6.

3 Schnelle Filterverfahren zur Kantenhervorhebung

Man kann die Kanten, die der menschliche Beobachter in Grauwert- und in Schwarz-Weiß-Bildern erkennt, prinzipiell in drei Klassen einteilen:

- Grauwertkanten
- Texturkanten
- Phantomkanten

Eine <u>Grauwertkante</u> (Bild 3.1 a) ist die Trennlinie zweier homogener Gebiete unterschiedlichen Grauwertes. Diese Trennlinie kann sowohl als eine eindeutig festlegbare Linie bei abruptem Sprung des Grauwertes an der Grenze der Gebiete auftreten als auch eine subjektiv interpretierbare Linie darstellen, nämlich dann, wenn der Grauwertübergang nicht sprunghaft, sondern stetig von einem Gebiet zum anderen erfolgt.

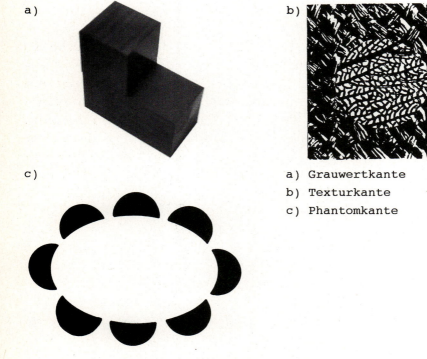

a) Grauwertkante
b) Texturkante
c) Phantomkante

<u>Bild 3.1:</u>   Unterschiedliche Kanten

Als <u>Texturkante</u> (Bild 3.1 b) wird die Trennlinie zweier Gebiete unterschiedlicher Mikrostruktur (Textur) bezeichnet.

<u>Phantomkante</u> wird eine Trennlinie genannt, die der menschliche Beobachter aufgrund der räumlichen Anordnung von Figuren in einer Szene zu sehen glaubt (Ellipse in Bild 3.1 c). Real sind diese Linien nicht vorhanden, sondern das menschliche Sehsystem interpretiert diese Linien in die Szene. Streng genommen bedeutet dies, daß hier eine Fehlauswertung der Szene vorliegt.

In industriellen Szenen bei der Handhabung und Montage treten als für die Szenenanalyse relevante Kanten fast ausschließlich Grauwertkanten auf, so daß im folgenden nur auf die Verarbeitung dieser Kanten eingegangen werden soll.

Das Ziel der Arbeit liegt, wie oben bereits erwähnt (Kap. 1.2), in der Segmentierung der Szene aufgrund der im Bild vorhandenen Kanten. Diese kantenorientierte Bildsegmentierung besteht im allgemeinen aus zwei Verarbeitungsschritten:

Zunächst wird das Bild in ein sogenanntes Kantenbild überführt, in dem alle Kandidaten für eine Kante durch einen größeren Grauwert ausgezeichnet sind als die übrigen Bildpunkte. Mathematisch bedeutet dies eine Zuordnung eines oder auch mehrerer Attribute zu jedem Bildpunkt, die eine Wahrscheinlichkeit angeben, Kandidat für eine Kante zu sein. In der Regel sind diese Attribute aus der lokalen Umgebung des Punktes zu berechnen. Mit Nachverarbeitungsmethoden erfolgt dann die Überführung in ein Bild mit binärwertigen Objektkonturen.

Prinzipiell kann man sowohl im Orts- als auch im Frequenzbereich Kanten hervorheben, Verfahren im Frequenzbereich erweisen sich allerdings im Vergleich zu Verfahren im Ortsbereich bei kleinen Fenstergrößen als rechenintensiver und langsamer.

Diese Arbeit beschränkt sich deshalb auf die Verfahren, die im Ortsbereich arbeiten.

3.1 Punktoperatoren

Einfachste und mit minimalen Kosten zu realisierende Verfahren zur Konturerkennung, die im industriellen Bereich schon seit einigen Jahren Anwendung finden, sind die Punktoperatoren. Da sie jeden Bildpunkt isoliert von seiner Umgebung betrachten, erfolgt die Realisierung meist als Schwellwertvergleich bzw. als Lookup-Tabelle.

Die einfachste Form der Punktoperation ist die Binarisierung des Grauwertbildes $\underline{G}$ mit einer festen Schwelle s:

$$b(x,y) = \begin{cases} 1 & g(x,y) \geq s \\ 0 & g(x,y) < s \end{cases} \quad \text{mit } 0 \leq s \leq 255$$

Wenn sich die Objekte einer Szene und der Hintergrund nicht im Grauwertebereich überlagern, also z.B. alle Objekte der Szene dunkler als der Hintergrund erscheinen (Durchlicht-Beleuchtung), liefert die Punktoperation eine binärwertige Funktion "Objekt/ kein Objekt" und damit zumindest auch die Außenkontur von Objekten.

Auch eine Segmentierung des Bildes über m Wertebereiche (Äquidensiten) durch die Funktion

$$f(g) = b_k \quad \text{für} \quad g_k \leq g \leq g_{k+1} ;$$
$$\text{mit} \quad b_k, g_k, g \in \{ 0 \ldots 255 \}$$
$$k = \{ 0, 1, \ldots, m-1 \}$$

kann nur zusammengehörige Segmente (z.B. Flächen von Objekten) und damit trennende Kanten erzeugen, wenn die Wertebereiche der Segmente sich nicht überlappen.

Dies ist jedoch bei mitbewegter Kamera nicht sicherzustellen, und aus diesem Grund scheiden diese Verfahren für eine Graubildverarbeitung bei nichtstationärer Kamera aus.

3.2 Lokale Operatoren

3.2.1 Die zweidimensionale Faltung

Bei der Verarbeitung industrieller Szenen ist es unumgänglich, lokale Umgebungen der Bildpunkte des Grauwertbildes mit in die Bewertung einzubeziehen, um Attribute zuzuweisen. Geeignete Verfahren, die in Echtzeit zu realisieren sind, basieren auf der zweidimensionalen Faltung, die aus diesem Grunde hier kurz dargestellt wird:

Die Faltung zweier Funktionen $\underline{G} = g(x,y)$ und $\underline{H} = h(x,y)$ der diskreten Variablen x und y ist definiert als:

$$f(x,y) = \underline{G} * \underline{H} = \sum_{u=-\infty}^{+\infty} \sum_{v=-\infty}^{+\infty} g(x-u, y-v) \cdot h(u,v)$$

Meist beschränkt man sich auf kleine und ungeradzahlige Zeilen- und Spaltenzahlen der Matrix $\underline{H} = h(u,v)$:

$$f(x,y) = \sum_{u=0}^{n-1} \sum_{v=0}^{m-1} g(x+k-u, y+l-v) \cdot h(u,v)$$

$$\text{mit } k = (n-1)/2$$
$$l = (m-1)/2$$
$$\text{und } n, m = \{ 3, 5, 7, \ldots \}$$

Es wird also die n*m-Umgebung eines jeden Bildpunktes gewichtet aufsummiert und diese Summe zur Bildung eines Attributes verwendet.

3.2.2 Gradientenoperatoren

3.2.2.1 Mathematische Grundlagen

Eine Klasse von Operatoren benutzt dabei den diskreten Grauwertgradienten als Maß für die Stärke einer Kante: Betrachtet man das Grauwertbild als zweidimensionale, stetige und differenzierbare Funktion des Ortes $\underline{G} = g(x,y)$, so gilt (Bild 3.2) für die Änderung df des Ortes vom Punkt P nach P' um den Vektor $\vec{ds} = (dx, dy)$:

$$dg = g(\vec{r} + \vec{ds}) - g(\vec{r})$$
$$= g(x + dx, y + dy) - g(x,y)$$

Eine Taylor-Reihenentwicklung zeigt, daß dies in erster Näherung dem vollständigen Differential entspricht:

$$dg = \frac{\delta g}{\delta x} dx + \frac{\delta g}{\delta y} dy$$

Dieser Ausdruck ist ein Skalar, er kann aber auch mit dem Gradientenoperator als Skalarprodukt gedeutet werden:

$$dg = \text{grad } g \cdot \vec{ds}$$

$$= (\delta g/\delta x, \delta g/\delta y) \cdot (dx, dy)$$

$$= |\text{grad } g| \cdot |\vec{ds}| \cdot \cos(\text{arc}(\text{grad } g, \vec{ds}))$$

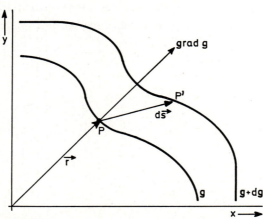

Bild 3.2: Der Gradient

Das Gradientenfeld grad g gibt dabei den Betrag und die Richtung des stärksten Anstieges der Funktion für alle Punkte der Ebenen an. Der Betrag des Gradientenvektors ist:

$$gb = |\,\mathrm{grad}\, g\,| = \delta g/\delta n = \sqrt{(\delta g/\delta x)^2 + (\delta g/\delta y)^2}$$

Für das Grauwertbild bedeutet dies, daß der Betrag des Gradienten die maximale Steigung der (Grauwert-)Funktion in jedem Punkt (x,y) angibt und damit ein Maß für die Kantenstärke bildet.

Da die Bildfunktion eine diskrete Ortsfunktion ist, benutzt man Differenzen statt des partiellen Differentials:

$$gb_x = \triangle_x\, g(x,y) = g(x,y) - g(x-1,y)$$
$$gb_y = \triangle_y\, g(x,y) = g(x,y) - g(x,y-1)$$
$$gb = \sqrt{gb_x^2 + gb_y^2}$$

Die Richtung des stärksten Anstiegs der Funktion berechnet sich als Richtung des Gradientenvektors:

$$\alpha = \arctan \frac{gb_y}{gb_x}$$

Weiterhin sei hier angemerkt, daß das Koordinatensystem lediglich orthogonal sein muß, die relative Lage bezüglich der Bildpunkte aber unerheblich ist, es kann im besonderen auch ein um 45 Grad gedrehtes Koordinatensystem verwendet werden (/ROSE76/).

3.2.2.2 Einfache Differenzenoperatoren

Die Berechnung der Werte gb_x bzw. gb_y für jeden Punkt des Bildes entspricht somit nach Kapitel 3.2.1 einer Faltung des Bildes mit folgenden Funktionen, die auch als Faltungsmasken oder Masken bezeichnet werden:

$$\underline{H}_x = \begin{bmatrix} 0 & 0 & 0 \\ -1 & 1 & 0 \\ 0 & 0 & 0 \end{bmatrix} \quad \text{bzw.} \quad \underline{H}_y = \begin{bmatrix} 0 & -1 & 0 \\ 0 & 1 & 0 \\ 0 & 0 & 0 \end{bmatrix}$$

Es wird hier wie auch weiterhin die Maskengröße 3x3 gewählt, um den Bildpunkt (x,y) ins Zentrum der Maske zu legen.

Dieser <u>einfache Differenzenoperator</u> erwies sich allerdings als recht anfällig gegen Störungen (z.B. durch Rauschen). Deshalb wird meist über mehrere Bildpunkte gemittelt und dann erst die Differenz gebildet.

Für eine 2x2-Umgebung ergeben sich dann die Masken

$$\underline{H}_x = 1/2 \begin{bmatrix} -1 & 1 & 0 \\ -1 & 1 & 0 \\ 0 & 0 & 0 \end{bmatrix} \quad \text{bzw.} \quad \underline{H}_y = 1/2 \begin{bmatrix} -1 & -1 & 0 \\ 1 & 1 & 0 \\ 0 & 0 & 0 \end{bmatrix}$$

und für eine 3x3-Umgebung die Masken

$$\underline{H}_x = 1/3 \begin{bmatrix} -1 & 1 & 0 \\ -1 & 1 & 0 \\ -1 & 1 & 0 \end{bmatrix} \quad \text{bzw.} \quad \underline{H}_y = 1/3 \begin{bmatrix} -1 & -1 & -1 \\ 1 & 1 & 1 \\ 0 & 0 & 0 \end{bmatrix} .$$

Eine weitere Möglichkeit, eine 3x3-Maske zu bilden, besteht darin, den Gradienten abzuschätzen durch den Gradienten einer Ebene, die nach der <u>Methode der kleinsten Fehlerquadrate</u> durch 3x3 Bildpunkte gelegt wird. Dies führt zu den Masken, die auch als Prewitt-Operator bekannt sind (/ROSE76/):

$$\underline{H}_x = 1/3 \begin{bmatrix} -1 & 0 & 1 \\ -1 & 0 & 1 \\ -1 & 0 & 1 \end{bmatrix} \quad \text{bzw.} \quad \underline{H}_y = 1/3 \begin{bmatrix} -1 & -1 & -1 \\ 0 & 0 & 0 \\ 1 & 1 & 1 \end{bmatrix}$$

<u>Roberts</u> schlägt eine Maske vor, die den Gradienten in der Diagonalenrichtung bestimmt und sehr wenig Rechenaufwand benötigt (/ROBE65/):

$$\underline{H}_1 = \begin{bmatrix} 1 & 0 \\ 0 & -1 \end{bmatrix} \quad \text{bzw.} \quad \underline{H}_2 = \begin{bmatrix} 0 & 1 \\ -1 & 0 \end{bmatrix}$$

<u>Sobel</u> benutzt nichtlineare Masken, die bei der Mittelung die auf der betrachteten Achse liegenden Punkte stärker bewerten (/SOBE78/):

$$\underline{H}_x = 1/4 \begin{bmatrix} -1 & 0 & 1 \\ -2 & 0 & 2 \\ -1 & 0 & 1 \end{bmatrix} \quad \text{bzw.} \quad \underline{H}_y = 1/4 \begin{bmatrix} -1 & -2 & -1 \\ 0 & 0 & 0 \\ 1 & 2 & 1 \end{bmatrix}$$

3.2.2.3 Näherungsverfahren zur Abschätzung des Gradienten

Üblicherweise werden bei der Berechnung des Gradienten zur Rechenzeit- bzw. Hardwareeinsparung statt der exakten Formel

$$\underline{GB} = \sqrt{(\underline{H}_x * \underline{G})^2 + (\underline{H}_y * \underline{G})^2}$$

auch die folgenden Näherungen benutzt:

$$\underline{GB}_a = |\underline{H}_x * \underline{G}| + |\underline{H}_y * \underline{G}| \quad \text{(Absolutversion)}$$

bzw.

$$\underline{GB}_m = \text{MAX}(|\underline{H}_x * \underline{G}|, |\underline{H}_y * \underline{G}|) \quad \text{(Maximumversion)}$$

Diese Approximationen sind jedoch nicht mehr gleich sensitiv für Kanten in unterschiedlichen Orientierungen. Zur Fehlerabschätzung kann man zeigen, daß der Fehler nicht größer als der Faktor $\sqrt{2}$ wird, da $g_m \leq g \leq g_a$ und $g_a/\sqrt{2} \leq g \leq g_m \cdot \sqrt{2}$ (/ROSE76/).

Weiterhin finden sich in der Literatur Operationen, die Gradienten abschätzen als <u>maximale Differenz</u> (Maximum Difference Operator, Range Operator) (/DAVI80/) durch:

$$gb(x,y) = T - S \quad \text{mit}$$

$$T = \underset{u,v}{MAX} \; | \, g(x,y) - g(u,v) \, |$$

$$S = \underset{u,v}{MIN} \; | \, g(x,y) - g(u,v) \, |$$

$$\text{mit:} \quad |\, x-u \,|, \; |\, y-v \,| \in \{1,2,3, \ldots, m\}$$

Beim Vergleich der Operatoren fallen der einfache Differenzen- und der Robertsoperator als die störanfälligsten auf. Die Operatoren in der 3x3-Umgebung sind weniger sensitiv für Störungen, da vor der Differenzierung eine Tiefpaßfilterung (Mittelung) erfolgt. Mit der Vergrößerung der Breite des Operatorfensters gehen allerdings auch eine quadratische Vergrößerung des Rechenaufwandes sowie eine Vergrößerung der benötigten Wortbreite einher, da die Summen der Produkte einen größeren Wertebereich einnehmen. Bedingt durch die größere Breite der Operatormaske werden außerdem Kanten, Linien und Punkte verbreitert. Weiterhin ergeben sich durch Anwendung des Sobeloperators und der Operatoren der kleinsten Fehlerqadrate Doppelkanten bzw. -linien. Der Robertsoperator zeigt z.B. auch bei Anwendung auf ein Schachbrett an den Kreuzungspunkten den Wert 0, wohingegen der maximale Differenzenoperator hier ein Ergebnis verschieden von 0 hat.

Eine weitere Gruppe von Operatoren, die zwar einen höheren Rechenaufwand erfordert, aber bessere Ergebnisse als die Näherungsverfahren zeigt, soll nun dargestellt werden:

3.2.2.4 Abschätzung des Gradienten durch Kompaßmasken (Template matching)

Wie bereits zuvor erwähnt, weisen die Näherungen für den Gradienten durch Bildung der Summe der Beträge der Richtungsableitungen bzw. durch die maximale Richtungsableitung gerade auf den Winkelhalbierenden den maximalen Fehler auf. Da aber die Richtung der Achsen, nach denen man ableitet, für die Berechnung des Gradienten unerheblich ist, solange man nur orthogonale Richtungen benutzt (/ROSE76/), könnte man ebenso nach den um 45 Grad gedrehten Koordinaten ableiten. Alle oben angegebenen 3x3-Masken müssen dann um 45 Grad gedreht werden, bleiben aber vom Wert evtl. bis auf einen konstanten Faktor erhalten. Betrachtet man nun wieder eine Abschätzung des Gradienten durch die maximale Richtungsableitung, so liegt jetzt der größte Fehler beim parallelen Verlauf der Kante zu einer Koordinatenachse.

Es liegt also nahe, mit acht um jeweils 45 Grad gedrehten Masken zu arbeiten und die Abschätzung durch die maximale Richtungsableitung vorzunehmen:

$$gb(x,y) = \underset{i}{MAX}[gb_i(x,y)] = \underset{i}{MAX}\left[\sum_{u=0}^{m-1}\sum_{v=0}^{m-1} g(x+k-u, y+k-u) \cdot h_i(u,v)\right]$$

$$\text{mit } k = (m-1)/2$$
$$m = \{3, 5, 7, \ldots\}$$
$$\text{und } i = \{0, 1, \ldots 7\}$$

Weiterhin bringt dies den Vorteil, daß auch die Richtung des so geschätzten Gradienten in acht diskreten Winkeln ($f = 45 \cdot i$ Grad) bekannt ist und für die weitere Auswertung zur Verfügung steht:

$$rb(x,y) = \{i \mid gb_i = max\}$$

3.2.3 Differentialoperatoren höherer Ordnung

Es können auch Differentialoperatoren höherer Ordnung der Form $\Phi = \alpha + \beta^2 \nabla^2$ benutzt werden, um Kanten zu erhalten. Ein Beispiel (mit $\alpha=0$, $\beta=1$) ist der Laplace-Operator $\nabla^2 f = \delta^2 f/\delta x^2 + \delta^2 f/\delta y^2$. Im digitalen Fall wird der Laplace-Operator genähert durch eine der folgenden Masken:

$$\underline{H}_{L1} = \begin{bmatrix} 0 & 1 & 0 \\ 1 & -4 & 1 \\ 0 & 1 & 0 \end{bmatrix} \quad \text{oder} \quad \underline{H}_{L2} = \begin{bmatrix} 1 & 0 & 1 \\ 0 & -4 & 0 \\ 1 & 0 & 1 \end{bmatrix}$$

$$\text{oder} \quad \underline{H}_{L3} = \begin{bmatrix} 1 & 1 & 1 \\ 1 & -8 & 1 \\ 1 & 1 & 1 \end{bmatrix} \quad \text{oder} \quad \underline{H}_{L4} = \begin{bmatrix} 1 & -2 & 1 \\ -2 & 4 & -2 \\ 1 & -2 & 1 \end{bmatrix}$$

Der Laplace-Operator ist rotationssymmetrisch zum Mittelpunkt der Maske, d.h. er zeigt gleiche Empfindlichkeit in unterschiedlichen Richtungen. Allerdings betont er Punkte vierfach stärker, Linienenden dreifach stärker, schmale Linien doppelt so stark wie Grauwertkanten, d.h. also auch, daß er für einzelne Störungen empfindlich ist. Weiterhin erzeugt der Laplace-Operator bei nicht idealen Kanten, d.h. bei stetigen Grauwertprofilen, jeweils zu Beginn und Ende dieser Rampe ein Maximum unterschiedlichen Vorzeichens, während die Gradientenoperatoren das Maximum im Wendepunkt des Anstieges erzeugen (Verhalten der 1. bzw. 2. Ableitung!). Hier erscheint die Auswertung des Ergebnisbildes wesentlich schwieriger, da Kanten in den Nulldurchgängen des Operatorergebnisses zu suchen sind. Da aber auch homogene Grauwertflächen zu Null transformiert werden, sind zur Kantensuche lokale Operatoren erforderlich, was wiederum einen Mehraufwand bedeutet. Aus diesem Grunde erscheint der Laplace-Operator nicht geeignet zur Kantenextraktion aus industriellem Bildmaterial. Allerdings können die Eigenschaften des Laplace-Operators ausgenutzt werden, Kanten in Bildern zu versteilern, indem man ein Vielfaches des mit dem Laplace-Operator gefilterten Bildes vom Originalbild subtrahiert (/ROSE76/).

3.2.4 Operatoren im mehrdimensionalen Vektorraum

Eine weitere Gruppe von Operatoren basiert auf der Theorie, daß eine Faltungsmaske der Größe m x m Bildpunkte einen m^2-dimensionalen Vektor repräsentiert, dessen relative Lage zum lokalen m^2-dimensionalen Vektor um einen Bildpunkt (x,y) zur Kantenhervorhebung geeignet ist:

Es kann ein Satz von m^2 Masken(vektoren) angegeben werden (/FREI77/), die einen orthogonalen Vektorraum aufspannen, deren Ordinaten Kanten, Punkte und Ecken bezeichnen. Dann lassen sich Maße berechnen, die eine Wahrscheinlichkeit angeben, ob der betrachtete Bildpunkt zu einer dieser Klassen (Unterräume) gehört.

Unter Abweichung von der Forderung der Orthogonalität kann man einen Satz von Maskenvektoren $\vec{H_i}$ angeben, die eine Beschreibung von Kanten in <u>Vorzugsrichtungen</u> (z.B. die acht Himmelsrichtungen N, NO, O, SO, S, SW, W, NW) repräsentieren. Der Winkel zwischen dem Bildvektor $\vec{G}$ an einem Punkt (x,y) und den Maskenvektoren ist nun direkt proportional zur Abweichung des Bildvektors von diesem jeweiligen Kantenvektor. Umgekehrt bedeutet dies, daß der Bildvektor die beste Näherung für die Maske darstellt, die mit dem Bildvektor den kleinsten Winkel α_i einschließt:

$$\alpha_i = \cos^{-1} \left[\frac{\vec{H_i} * \vec{G}(x,y)}{|\vec{H_i}| * |\vec{G}|} \right]$$

Mit $|\vec{H_i}|$ = const für alle i = {0 ... 7} erhält man dann:

$$gb(x,y) = \underset{i}{\text{MAX}} [gb_i(x,y)] = \frac{\underset{i}{\text{MAX}} \left[\vec{H_i} * \vec{G}(x,y) \right]}{|\vec{G}(x,y)|}$$

Einen interessanten Vorschlag, der auch recht gute Ergebnisse bei dem hier benutzten Bildmaterial zeigte, macht Bollhorst in (/BOLL86/), wo er nicht die bestmögliche Übereinstimmung mit einem Kantenraum, sondern die größte Abweichung von einer homogenen Fläche bewertet:

$$gb(x,y) = \frac{\vec{H_0} * \vec{G(x,y)}}{|\vec{G(x,y)}|}$$

$$\text{mit} \quad \vec{H_0} = \begin{bmatrix} 1 & 1 & 1 \\ 1 & 1 & 1 \\ 1 & 1 & 1 \end{bmatrix}$$

Dieser Operator zeigt beim hier verwendeten Bildmaterial teilweise sogar bessere Ergebnisse als der Operator nach Frei und Chen, obwohl er mit deutlich geringerem Rechenaufwand auskommt, da nur die Berechnung einer Faltung erfolgt, bei der zudem die Koeffizienten aller Maskenelemente den Wert 1 haben.

3.2.5 Weitere Verfahren

Ein weiteres Verfahren, das implementiert wurde, ist das Verfahren nach Marr und Hildreth (/MARR80, HILD83/). Dieses Verfahren glättet zunächst das Bild mit einer Gaußfunktion G(x,y) und wendet danach den Laplace-Operator an. Die Nulldurchgänge des Ergebnisbildes sind, da hier eine zweite Ableitung gebildet wird, die Orte der Kanten. Der insgesamt angewandte Operator sieht also folgendermaßen aus:

$$\nabla^2 G(r) = \left[\frac{r^2 - 2\sigma^2}{2\pi\sigma^6} \right] \exp\left[\frac{-r^2}{2\sigma^2} \right]$$

$$\text{mit:} \quad G(r) = \frac{1}{2\pi\sigma^2} \exp\left[\frac{-r^2}{2\pi\sigma^2} \right]$$

$$\text{und:} \quad r = \sqrt{x^2 + y^2}$$

Aufgrund der Tatsache, daß sinnvolle Maskengrößen bei diesem Operator eine Kantenlänge von mehr als zehn Bildpunkten aufweisen und auch hier anschließend noch die Nulldurchgänge des Ergebnisbildes, mit ähnlichen Schwierigkeiten wie beim Laplace-Operator, zu suchen sind, scheint der Aufwand für eine Implementierung des Algorithmus zur Anwendung im seriellen Datenstrom zu hoch.

Da hier eine Glättung des Bildes mit der Gaußfunktion zu guten Ergebnissen führte, wurden Gradientenoperatoren der Maskengrößen 5x5 und 7x7 in die Untersuchung einbezogen, die die partiellen Ableitungen der zweidimensionalen Gaußfunktion (/KORN85/) als Maske benutzen:

$$\underline{H}_x = K \frac{\delta}{\delta x} G(x,y,\sigma) = \frac{-Kx}{\sigma^2} G(x,y,\sigma)$$

und analog:
$$\underline{H}_y = K \frac{\delta}{\delta y} G(x,y,\sigma) = \frac{-Ky}{\sigma^2} G(x,y,\sigma)$$

Der Faktor K ist dabei ein Normierungsfaktor, der so gewählt werden kann, daß der maximale Wertebereich des Ergebnisbildes erreicht wird.

Als weitere Verfahren, die teilweise untersucht wurden, aber aus Aufwands- oder Gütekriterien nicht in Frage kommen, seien ergänzend angeführt das ebenfalls zu aufwendige Verfahren von Hueckel (/HUEC71, HUEC73/), das vereinfachte Verfahren nach Mero-Vassy (/MERO75/), eine weitere Vereinfachung dieses Verfahrens (/BURO79/) sowie die Verfahren von Davis (/DAVI81/) und das iterative Verfahren nach Kasvand (/KASV75/).

4 Bewertung der Kantenhervorhebungs- und Kantenextraktionsverfahren

Zur Beurteilung der Qualität eines Kantenextraktionsverfahrens ist die Entwicklung geeigneter Bewertungsverfahren notwendig. Dabei genügt eine alleinige Bewertung des Endergebnisses nicht, sondern zur Optimierung des gesamten Verfahrens muß auch eine Beurteilung einzelner Zwischenschritte erfolgen.

Erste Stufe der Beurteilung sind die Kantendetektionsverfahren. Von der Auswahl des Kantendetektors hängt das Gesamtergebnis in hohem Maße ab, da die stärksten Konturen der Szene direkt übernommen werden und weiterhin die schwächeren Kanten in die Startpunktsuche und die Linienverfolgung eingehen.

Zu beurteilen gilt es hier:

- o die Isotropie der Kantendetektoren
- o die Abhängigkeit des Ergebnisses vom Bildkontrast
- o die Abhängigkeit des Ergebnisses von der Breite der Kante
- o die Abhängigkeit von Störungen durch Rauschen

Sowohl nach der Kantenverdünnung als auch beim Gesamtverfahren sind die gefundenen Kanten zu untersuchen und zu bewerten auf:

- o Lageabweichungen der Kante zur Szene
- o Vollständigkeit der Kante
- o Zahl und Art der Unterbrechungen in der Kante

Daher schließt sich im folgenden zunächst eine Darstellung aus der Literatur bekannter Verfahren zur Beurteilung von Kantendetektionsverfahren sowie deren wichtigster bzw. hier relevanter Ergebnisse an. Danach werden zwei weitere, selbst entwickelte Verfahren vorgestellt, die eine darüber hinausgehende Beurteilung des Verfahrens ermöglichen. Eine Betrachtung der Ergebnisse der Bewertungsverfahren zur Auswahl des Kantenhervorhebungsverfahrens zeigt, daß sowohl die Näherungsverfahren als auch Template-Matching-Verfahren zur Berechnung des Gradienten ungünstiger sind als dessen exakte Bestimmung.

4.1 Verfahren zur Bewertung der Kantenerkennung

4.1.1 Verfahren nach Fram und Deutsch

In /FRAM75/ stellen Fram und Deutsch einen "ersten Schritt" in Richtung vergleichender Bewertung von Kantendetektionsverfahren vor. Sie legen dabei hauptsächlich Wert auf einen quantitativen Vergleich verschiedener Verfahren bei einer durch Rauschen gestörten, idealen Kante.

Als Testbilder benutzen sie eine ideale, rampenförmige, vertikale Kante der Breite vier Bildpunkte, die einen Übergang vom Grauwert G_1 nach dem Grauwert G_2 beschreibt und in der Mitte eines 36x36 Bildpunkte großen Bildes liegt. Diese Bilder mit unterschiedlichen Grauwerten G_1 und G_2 werden mit additivem Gauß'schen Rauschen des Mittelwertes m = 0 und der Streuung σ = 24 beaufschlagt und dann auf den Wertebereich {0...63} beschränkt. Durch diese Einschränkung des Wertebereiches ist es notwendig, die Kontraständerung k = $|G_2 - G_1|$ symmetrisch zum mittleren Grauwert 32 zu legen, da der Mittelwert sonst durch die Beschränkung in Richtung dieses Grauwertes verschoben würde. So werden lediglich die Streuung geändert sowie der mittlere Grauwert in den Bereichen rechts und links der Kante. Deshalb geben Fram und Deutsch zu jedem Bild neben dem nominellen jeweils auch die aktuellen Werte für Kontrast und Streuung an.

Als Kantendetektoren vergleichen Fram und Deutsch lediglich drei Operatoren mit relativ großen Maskengrößen, nämlich den Hückel-Operator, einen Detektor mit Gauß'scher Maske (/MACL70/) und den lokalen Differenzenoperator nach Rosenfeld (/ROSE71/).

Beim Detektor nach Macleod werden die Maskenparameter w(x,y) wie folgt erzeugt:

$$w(x,y) = \exp(-(y/t)^2) \cdot [\exp(-((x-p)/p)^2) - \exp(-((x+p)/p)^2)]$$

mit x, y als Entfernung zum Zentrum der Maske und p, t als frei wählbare Parameter. Fram und Deutsch benutzen hier eine Maske der Größe 7x7 bei p=t=4 und eine 13x13-Maske bei p=4,7 und t=4.

Der Operator von Rosenfeld bildet jeweils rechts und links der betrachteten Kantenrichtung (in diesem Fall vertikal) in einer $2^k \times 2^k$ großen Nachbarschaft den Mittelwert und legt den Betrag der Differenz als Ergebnis in den betrachteten Bildpunkt ab. Hier wird k=3 gesetzt, also in einer 8x8-Nachbarschaft rechts und links der durch den Bildpunkt gedachten vertikalen Linie gemittelt.

Nach Anwendung der Kantendetektoren erfolgt die Überführung in ein Binärbild derart, daß eine Binärschwelle so lange verringert wird, bis eine feste Zahl von Bildpunkten diese Schwelle überschreitet. Diese Zahl wurde für jeden Detektor getrennt so bestimmt, daß bei einer kleinen Auswahl der gesamten Bildmenge die Ergebnisse subjektiv optimal erschienen.

Aus diesen Binärbildern berechnen Fram und Deutsch zwei Parameter P_1 und P_2, ausgehend von folgenden Annahmen: Jeder Kantenpunkt (binäre "1") des Binärbildes ist entweder durch das überlagerte Rauschen oder durch das Vorhandensein der Kante oder durch beides gleichzeitig entstanden. Weiterhin wird angenommen, daß sich Rauschpunkte zufällig über das gesamte Bild verteilen, während die wirklichen Kantenpunkte nur im Bereich der Kante des Originalbildes liegen.

Der Parameter P_1 gibt eine Maximum-Likelihood-Abschätzung des Verhältnisses der wirklichen Kantenpunkte zur Summe aus Kantenpunkten und Rauschpunkten an. Dabei wird die Zahl der Rauschpunkte normalisiert auf die Spaltenzahl des Bildes, um P1 unabhängig von der Bildgröße zu machen.

Der Parameter P2 berechnet die Größe der Unterbrechungen in der detektierten Kante. Er wird gebildet im Bereich der Kante als Maximum-Likelihood-Abschätzung der Zahl der Zeilen, die mindestens einen wirklichen Kantenpunkt und keinen Rauschpunkt enthalten, dividiert durch die Zahl der Zeilen, die keine Rauschpunkte beinhalten.

Ungenauigkeiten des Verfahrens resultieren aus der subjektiven Auswahl einer Binarisierungsschwelle, da abhängig davon die Zahl der Störpunkte überproportional zunehmen kann gegenüber der Zahl der wirklichen Kantenpunkte. Aus der Gesamtzahl der Bildpunkte außerhalb des Kantenbereiches werden aber sowohl die Rausch- als auch die wirklichen Kantenpunkte der Kante berechnet, was bei unterschiedlicher Wahl der Binarisierungsschwelle zu einer Variation der Parameter führt.

Auch sind Kantenoperatoren benachteiligt, die einzelne punktförmige Störungen relativ stark betonen, wie z.B. der Laplace-Operator, obwohl diese punktförmigen Störungen leicht zu entfernen sind.

Eine weitere Schwierigkeit bereitet die Festlegung der Breite der Kante, in der das Modell die wirklichen Kantenpunkte berechnet. Sie müßte für jeden Kantendetektor unterschiedlich eingesetzt werden, da jeder Detektor in Abhängigkeit von Maskengröße und Maskenparametern die Kante verbreitert. Dies geschieht hier ebenfalls nicht, so daß Operatoren mit großen Maskengrößen dann benachteiligt sind, wenn der Bereich der Kante zu klein eingesetzt wird, da diese Operatoren ja im Bereich unmittelbar neben der angenommenen Kante noch Kantenpunkte detektieren, die aber als Rauschpunkte gezählt werden. Fram und Deutsch haben dies wohl erkannt, setzen aber den Bereich der Kante mit sechs Spalten noch recht schmal an, wenn man bedenkt, daß sie beim Rosenfeld-Operator mit einem Fenster der Ausdehnung 15 Bildpunkte senkrecht zur Kantenverlaufsrichtung arbeiten.

In Bezug auf den Anwendungsfall der industriellen Bildverarbeitung muß man zudem auch die Bildqualität betrachten: Hier werden Bilder mit einem nominalen Kontrast zwischen 3 und 30 Grauwerten mit Rauschen der Streuung $\sigma = 24$ beaufschlagt, was eine sehr starke Störung der Kante darstellt. Dies entspricht in keiner Weise der Realität der industriellen Szene.

In einer weiteren Studie untersuchen Fram und Deutsch (/DEUT78/) die Abhängigkeit des Filterergebnisses von der Orientierung einer Kante. Das Verfahren entspricht dem oben dargestellten, es werden lediglich die Berechnung der Parameter P1 und P2 angepaßt auf den

Anwendungsfall. Nach Drehung der oben beschriebenen vertikalen Kantenbilder um die Winkel 15, 30, 45 bzw. 60 Grad wendet Deutsch die gleichen Kantendetektoren auf das gedrehte Bild an. Erst nach Zurückdrehen des Ergebnisbildes erfolgt die Schwellwertoperation und Parameterberechnung.

Leider beschreibt Deutsch das Verfahren zum Rotieren der Bilder nicht näher. In der Annahme, daß es sich um eine affine Koordinatentransformation und Näherung des Grauwertes mittels bilinearer Interpolation der Grauwerte der vier direkten Nachbarn des berechneten Punktes handelt, kann man die Frage stellen, inwieweit singuläre Störungen im Ergebnisbild und der Randbereich der Kante bei der Rückdrehung derart geändert werden, daß dies, bedingt durch die Schwellenoperation, Einfluß auf die Ergebnisse der Parameter hat.

Weiterhin gilt zu beachten, daß eine reale Anwendung mit rotierten Filtermasken arbeiten muß. Eine Transformation der Maske bedeutet aber, daß zum einen die Maskengröße, wegen der digitalen Ausdehnung, nicht ideal zu realisieren ist und zum anderen die Maskenparameter, zumindest beim Verfahren nach Macleod, für jede Richtung getrennt bestimmt werden müssen. Wird eine On-Line-Bildverarbeitung gefordert, so ist nur eine Näherung dieser Parameter möglich, da die Parameter nur ganzzahlige Integerwerte mit nicht zu großer betragsmäßiger Differenz sein können, um bei der Faltung den Wertebereich und damit die Wortbreite keine zu großen Werte annehmen zu lassen.

Einige der auch in dieser Arbeit bestätigten Ergebnisse seien hier genannt:

o   Der Hueckel-Operator ist zwar fast unabhängig von der Orientierung der Kante, zeigt aber die schlechtesten Ergebnisse.

o   Die Resultate der anderen Operatoren verschlechtern sich mit zunehmender Abweichung der Orientierung der Kante von der für den Detektor ideal detektierten Richtung.

o	Der 7x7 Operator nach Macleod zeigt eine größere Abhängigkeit von der Orientierung als der Rosenfeld-Operator, obwohl der Operator nach Macleod bei der hier gewählten Parametrisierung mit maximalem Parameter am Rand der Maske und relativ starker Betonung der Mittelsenkrechten zur Kante auf den ersten Blick eigentlich sensitiver sein sollte. Dies ist dadurch zu erklären, daß der Rosenfeld-Operator eine in horizontaler Richtung ausgedehntere Maske (17 Bildpunkte!) aufweist als der 7x7-Operator nach Macloed.

o	Weiterhin erscheint deshalb auch der Vergleich des Rosenfeld-Operators mit dem 13x13-Operator nach Macloed interessant, der in horizontaler Richtung bessere Ergebnisse als der Operator nach Rosenfeld zeigte. Leider wurde dieser Operator nicht in den Vergleich einbezogen, obwohl sich der Rosenfeld-Operator bei den gedrehten Kanten als der beste erwies.

4.1.2 Verfahren nach Abdou und Pratt

In /ABDO79/ untersucht Abdou Kantendetektoren der Maskengröße 3x3 bzw. 2x2 Bildpunkte, nämlich den Sobel, Prewitt und den Roberts-Operator jeweils in der Wurzel- und der Betragssummenversion sowie Template-Matching-Verfahren mit den 3-level- (Prewitt-), 5-level- (Sobel-), Kompaß-Gradienten- und den Kirsch-Masken.

Zunächst erfolgt eine Untersuchung des Verhaltens der Detektoren bei einer idealen Sprung-Kante durch das Zentrum der Maske in Abhängigkeit von der Orientierung der Kante. Dies wird an einem Kanten-Modell berechnet, da sich im Falle einer Sprung-Kante die Grauwerte des Bildes flächenproportional zur Überdeckung der Kante mit dem Bildpunkt recht einfach berechnen lassen. Das Ergebnis zeigt (Bild 4.1), daß der Sobel- und der Prewitt-Operator in der Wurzel-Version sowie die Template-Matching-Verfahren bezüglich des Gradientenbetrages relativ unabhängig von der Kantenorientierung sind. Der Sobel-Operator scheint bezüglich der Richtungsdetektion der beste Operator.

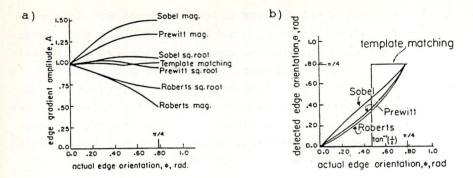

Bild 4.1: Untersuchung einer Sprung-Kante nach /ABDO79/
a) Abhängigkeit des Gradienten von der Orientierung der Kante
b) Erkannte und tatsächliche Kantenrichtung

Auf gleiche Art wird eine Verschiebung einer horizontalen bzw. diagonalen Kante bezüglich des Maskenmittelpunktes untersucht. Hier zeigt sich (Bild 4.2), daß alle Operatoren mit Ausnahme des Kirsch-Operators ein monoton fallendes Verhalten in Abhängigkeit vom Versatz der Kante bezüglich des Mittelpunktes aufweisen. Zu beachten ist dabei, daß für alle 3x3-Operatoren (mit Ausnahme des Kirsch-Operators) die Amplitude für d < 0,5 im Falle einer horizontalen Kante konstant bleibt. Ein Versatz von d > 0,5 bedeutet aber bei Betrachtung der Umgebung des entsprechenden Nachbarbildpunktes wiederum einen Versatz d < 0,5, so daß bei der idealen vertikalen Sprungkante in jedem Fall das Filterergebnis, bezogen auf das gesamte Bild, eine konstante Amplitude aufweist.

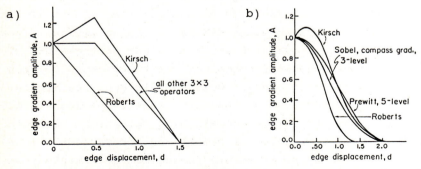

Bild 4.2: Gradient in Abhängigkeit vom Versatz einer horizontalen (a) bzw. diagonalen (b) Kante nach /ABDO79/

Weiterhin stellen Abdou und Pratt ein Verfahren zur Schwellenfindung in verrauschten Bildern vor, das auf statistischer Basis arbeitet. Für die oben vorgestellten Arten von idealen Sprungkanten leiten sie für überlagertes Gauß'sches Rauschen die Wahrscheinlichkeitsdichtefunktion der Operatorantwort für das Vorhandensein einer Kante her und können so die Wahrscheinlichkeit für das korrekte Erkennen eines Kantenpunktes in Abhängigkeit von der Schwelle und dem Rauschpegel berechnen. Dieses Verfahren ist jedoch analytisch nur sehr schwierig anzuwenden, wenn als Kantenmodell keine Sprungkante zugrunde gelegt wird.

Hier zeigt sich, daß sowohl bei einem Signal-Rauschverhältnis SNR = $(k/\sigma)^2$ von 10 als auch von 1 der Sobel-Operator dem Prewitt-Operator leicht überlegen ist bei diagonal verlaufenden Kanten, während im Falle der vertikalen Kante der umgekehrte Fall zutrifft. Der Roberts-Operator schneidet deutlich schlechter ab. Bei den Template-Matching-Verfahren sind der 3-level- und der 5-level-Operator sowohl dem Verfahren nach Kirsch als auch dem Kompaß-Gradientenverfahren überlegen.

Schließlich erfolgt die Berechnung von Pratt's "Figure of Merit" (/PRAT78/) für vertikale und diagonale Kanten. Bei diesem Bewertungsverfahren wird unter Kenntnis der Lage der wirklichen Kante das binarisierte Kantendetektorergebnis mittels der mittleren quadratischen Abweichung der Bildpunkte von der wirklichen Kante bewertet:

$$F = \frac{1}{\max\{I_i, I_a\}} \sum_{i=1}^{I_a} \frac{1}{1 + \alpha\, d^2(i)}$$

Dabei sind I_i und I_a die Zahlen der Punkte der idealen bzw. der aktuellen Kante, $d(i)$ ist der Abstand des i-ten Kantenpunktes von der wirklichen Kante, α ist eine Skalierungskonstante.

Hier wurde $\alpha = 1/9$ gewählt, um bei der Bewertung eine sinnvolle Gewichtung zwischen verschmierten Kanten am richtigen Ort und dünnen, aber versetzten Kanten zu erhalten. Bei $\alpha = 1/9$ wird nämlich F = 0.9 für eine um einen Bildpunkt verschobene Kante der Breite eines Bildpunktes, F = 0.69 bei einem Versatz von zwei Bildpunkten, während eine verschmierte Kante der Breite drei

Bildpunkte den Wert F = 0.93 und bei einer Breite von fünf Bildpunkten F = 0.84 ergibt.

Pratt betrachtet hier auch nur ideale vertikale und diagonale Kanten, deren Grauwertsprung in der Breite eines Bildpunktes liegt. Bei der diagonalen Kante wird der diskrete Abstand der Punkte mit $\sqrt{2}$ gewichtet.

Auch bei einer Bewertung nach diesem Verfahren zeigen sich bei unterschiedlichen Signal-Rauschverhältnissen ähnliche Ergebnisse: Die Wurzel-Versionen der Gradientenoperatoren sind den Betragssummen-Versionen leicht, die 3x3-Masken dem Roberts-Operator weit überlegen. Bei den 3x3-Gradientenoperatoren weist der Prewitt-Operator bei vertikalen Kanten gegenüber dem Sobel-Operator Vorteile auf, während bei diagonalen Kanten der Sobel-Operator vergleichbare Ergebnisse zeigt. Bei den Template-Matching-Operatoren ist bei den diagonalen Kanten der Prewitt-Operator dem Robinson-Operator und dem Kirsch-Operator leicht überlegen. Bei vertikalen Kanten hängt das Ergebnis vom Signal-Rauschverhältnis ab. Der Kompaß-Operator erweist sich in allen Fällen als deutlich schlechter. Im Vergleich zu den Gradientenverfahren erscheint der Prewitt-Operator in beiden Verfahren ähnlich, wobei er als Template-Matching-Operator bei diagonalen Kanten etwas bessere Ergebnisse aufweist, während er als Gradientenoperator bei vertikalen Kanten überlegen ist.

4.1.3 Verfahren nach Bryant und Bouldin

In /BRYA79/ stellen Bryant und Bouldin ein auf reale Bilder anwendbares Bewertungsverfahren vor. Dabei gehen sie von der Annahme aus, daß Punkte in den (binarisierten) Ergebnisbildern unterschiedlicher Kantendetektoren dann wirkliche Kantenpunkte sind, wenn sie sich in mehreren Ergebnisbildern finden.

Das zunächst vorgestellte Verfahren, "relative Grading" genannt, vergleicht das binarisierte Ergebnisbild eines Operators mit einem Referenzbild, das die Häufigkeit des Auftretens dieses Punktes als Kantenpunkt in der Vereinigungsmenge der Ergebnisbilder mehrerer Operatoren angibt. Der Vergleich geschieht derart, daß ein Kantenpunkt im Ergebnisbild des Operators dann als solcher gezählt wird, wenn er bei mindestens einer Zahl Z_{min} der Bilder der Referenzmenge ebenfalls vorhanden ist.

Bei diesem Verfahren fallen sofort einige Nachteile auf:

o Das Ergebnis ist von der Wahl der Schwellwerte bei der Binarisierung abhängig, da mit der Verminderung der Schwelle zwar die Zahl der Kantenpunkte, gleichzeitig aber auch die Zahl der falsch detektierten Punkte steigt, die nun ebenfalls in das Referenzbild eingehen.

o Das Ergebnis hängt in hohem Maße ab von der Auswahl der Referenzoperatoren, da z. B. ein "guter" Kantendetektionsoperator dann eine sehr schlechte Bewertung erhält, wenn er mit einem Satz sehr "schlechter" Operatoren verglichen wird.

o Ein Vergleich erscheint auch dann problematisch, wenn ein Operator, der sehr gut das Vorhandensein einer Kante -unabhängig vom Kontrast- detektiert (z.B. Operatoren auf der Basis des Verfahrens nach Frei und Chen), mit Gradientenoperatoren verglichen wird, da hier -bedingt durch die Binarisierung der Operatorergebnisse- nur die kontrastreichsten Kanten im Referenzbild vorhanden sein werden.

o Weiterhin ist das Ergebnis abhängig von der Wahl der Schwelle Z_{min}. Bei zu hoher oder zu niedriger Wahl dieser Schwelle wird ein guter Operator unterbewertet.

o Beim Vergleich von Operatoren fällt das Ergebnis zudem bei Einbeziehung des zu vergleichenden Operators in die Gewinnung des Referenzbildes (polling) anders aus als bei Ausschluß des Operators (exclusion voiting).

Als Operatoren verwenden Bryant und Bouldin den einfachen Differenzen- und den Robertsoperator in der Wurzel- und der Betragssummenversion, außerdem die Operatoren nach Sobel (Wurzel), Davies (maximum Difference) sowie Frei und Chen.

Als Ergebnis der Bewertung dieser Operatoren bei "exclusion voiting" sei hier nur genannt, daß insgesamt der Sobel-Operator die besten Ergebnisse lieferte, gefolgt vom Operator nach Frei und Chen. Daß einige partielle Ergebnisse eine andere Reihenfolge zeigten, liegt hauptsächlich im Verfahren begründet. So ist z.B.

in einem Fall der Roberts-Operator in der Wurzel-Version der Operator, der prozentual die meisten Kantenpunkte findet. Bei näherer Betrachtung stellt man aber fest, daß das Referenzbild aus den Ergebnisbildern von fünf Operatoren abgeleitet wurde, von denen einer der einfache Differenzenoperator und ein weiterer der Roberts-Operator in der Betragsversion waren, also denkbar schlechte Operatoren. Zudem wurde eine Entscheidung "kein Kantenpunkt" dann getroffen, wenn mindestens drei der fünf Operatoren dies feststellten. Dies bedeutet aber eine falsche Klassifikation relativ vieler Punkte als Kantenpunkte, also schneidet ein relativ schlechter Operator noch gut ab, während ein guter Operator, der nur "echte" Kantenpunkte klassifiziert, prozentual zur Gesamtzahl der teilweise fälschlich klassifizierten Kantenpunkte des Referenzbildes zu wenige Kantenpunkte findet, also schlecht abschneidet.

Als weitere Methode schlagen Bryant und Bouldin eine zweidimensionale Korrelation (nach /HALL79/, /WONG76/) zwischen dem binarisierten Filterergebnis $O(i,j)$ und einem idealen Referenz-Kantenbild $K(i,j)$ vor:

$$R(u,v) = \frac{\sum_{i=1}^{I} \sum_{j=1}^{J} K(i,j) \cdot O(u+i-1, v+j-1)}{\sqrt{K_m} \quad \sqrt{N_o}}$$

mit: $\quad K_m = \sum_{i=1}^{I} \sum_{j=1}^{J} K^2(i,j)$

$$N_o = \sum_{i=1}^{I} \sum_{j=1}^{J} O^2(u+i-1, v+j-1)$$

Dies setzt natürlich die Möglichkeit des Erzeugens eines Referenzbildes voraus mit dem Vorteil, alle Operatoren mit einer neutralen Referenz zu vergleichen. Der Rechenaufwand hält sich hier in Grenzen, da es sich bei beiden Bildern um Binärbilder handelt, also keine Multiplikationen auszuführen sind. Weiterhin ist K_m eine Konstante, deren Berechnung nur einmal zu erfolgen hat. Als weitere Vereinfachung betrachten Bryant und Bouldin nur ein Referenzbild, das die gleiche Größe wie das Ergebnisbild des Kantendetektors aufweist, so daß I=u und J=v ist und nur R(1,1) berechnet werden muß:

$$R = R(1,1) = \frac{N_c}{\sqrt{K_m N_o}}$$

Dabei ist K_m dann die Zahl der Kantenpunkte im Referenzbild, N_o die Zahl der Punkte im binarisierten Ergebnisbild und N_c die Zahl der gemeinsamen Punkte in beiden Bildern. Diese Vereinfachung bringt allerdings den Nachteil mit sich, daß ein Operator, der eine Kante der Breite eines Bildpunktes zwar findet, diese aber um nur einen Bildpunkt versetzt, mit R = 0 bewertet wird, wenn die Referenzkante nur die Breite eines Bildpunktes aufweist.

4.1.4 Verfahren nach Kitchen und Rosenfeld

In /KITC81/ stellen Kitchen und Rosenfeld eine Bewertungsmethode vor, die eine lokale Konturkohärenz, d.h. eine Beschreibung der Kontur hinsichtlich der "Güte der Form", verwendet. Das Verfahren arbeitet ohne Kenntnis der wirklichen Lage der Kante und bewertet als Eigenschaften bezüglich einer "guten" Konturform die Dicke T und ein Maß für die Fortsetzung (continuation) der Kurve C. Die Parameter werden in einer lokalen Umgebung (3x3 Bildpunkte) gebildet unter Einbeziehung des Richtungsergebnisses des Kantenoperators. Die beiden Maße werden gewichtet aufsummiert zu einer einzigen Maßzahl E:

$$E = \delta C + (1-\delta)T$$

Mit dem Wert δ ist dabei eine relative Wichtung der beiden Parameter C und T im Ergebnis möglich, um so den einen oder anderen Parameter zu favorisieren.

Die Parameter C und T werden nach einer auf das Kantendetektorergebnis angewendeten Schwellwertoperation für jedes so gefundene Kantenpixel berechnet und dann über alle Kantenpunkte gemittelt.

Das Fortsetzungsmaß C berechnet sich wie folgt: Sei $|\alpha-\beta|$ die absolute Differenz zwischen zwei Winkeln α und β, so ist

$$a(\alpha,\beta) = \frac{\pi - |\alpha-\beta|}{\pi}$$

ein Maß für die Übereinstimmung der beiden Winkel im Bereich {0...1}. Die Nachbarpunkte eines Bildpunktes seien nach dem Schema in Bild 4.3 numeriert, d die Gradientenrichtung des Zentralbildpunktes sowie d_0, d_1, ..., d_7 die Gradientenrichtungen der acht Nachbarbildpunkte.

3	2	1
4		0
5	6	7

<u>Bild 4.3:</u> Numerierung der Nachbarbildpunkte

Die Funktionen

$$L(k) = \begin{cases} a(d, d_k) \cdot a(\pi k/4, d + \pi/2) & \text{Nachbar k ist Kantenelement} \\ 0 & \text{sonst} \end{cases}$$

bzw.

$$R(k) = \begin{cases} a(d, d_k) \cdot a(\pi k/4, d - \pi/2) & \text{Nachbar k ist Kantenelement} \\ 0 & \text{sonst} \end{cases}$$

sind dann ein Maß dafür, wie gut ein Nachbarbildpunkt k lokal die Kante nach links (L(k)) bzw. nach rechts (R(k)) fortsetzt.

Dabei bewertet $a(d, d_k)$ die Qualität der Übereinstimmung der Gradientenrichtung des Bildpunktes k mit der Richtung des Zentralbildpunktes. Der Faktor $a(\pi k/4, d\pm\pi/2)$ bewertet die Lage des Bildpunktes k zu der Lage des aufgrund der Gradientenrichtung des Zentralbildpunktes erwarteten Lage des linken bzw. rechten Nachbarbildpunktes.

Das Fortsetzungsmaß C berechnet sich als Mittelwert des besten Wertes $L(k)$ und $R(k)$ der jeweils drei Bildpunkte, die bezüglich der Gradientenrichtung des Zentralbildpunktes links bzw. rechts der Kante liegen.

Das Maß für die Dicke der Kante ist der Bruchteil der übrigen sechs Nachbarbildpunkte, die keine Kantenbildpunkte sind. Dieses Maß T nimmt den Wert 1 an, wenn eine ideal dünne Kante vorliegt, also keiner der sechs übrigen Bildpunkte ein Kantenpunkt ist, und 0, wenn es sich um eine sehr breite Kante handelt, also alle sechs Nachbarpunkte Kantenpunkte sind.

Kitchen und Rosenfeld verwenden die gleichen Operatoren wie Abdou und Pratt (siehe 4.1.3). Als Testbilder werden einmal die gleichen vertikalen Kanten betrachtet wie bei Abdou und Pratt und außerdem ein Testbild mit konzentrischen Kreisringen gleichen Grauwertes auf homogenem Hintergrund. Der Grauwertübergang erfolgt in der Breite eines Bildpunktes, berechnet dadurch, daß ein ideales, zweiwertiges Bild mit Kreisringen (basierend auf dem euklidischen Abstand) in der Kantenlänge um den Faktor 2 verkleinert wird bei gleichzeitiger Mittelung jeweils über 2x2 Bildpunkte. Dies stellt somit nur eine Näherung der idealen Abtastung einer Grauwertrampe der Breite eines Bildpunktes dar. Der Vergleich der verschiedenen Operatoren geschieht nun derart, daß die Wahl der Binarisierungsschwelle so erfolgt, daß das Bewertungsmaß E für einen vorgegebenen Wert δ (hier $\delta = 0.8$) maximiert und über dem Signal-Rauschverhältnis abgetragen wird.

Rosenfelds Ergebnisse stimmen generell mit denen von Abdou und Pratt überein, wobei auffällt, daß die vertikale Kante höhere Werte für E liefert als das Ring-Testbild, was darin begründet liegt, daß eine vertikale Kante im digitalen Modell der realen Kante mehr entspricht als eine gekrümmte.

Zur Bewertung des Verfahrens muß man feststellen, daß es ebenfalls eine Binarisierung des Kantendetektor-Ergebnisbildes voraussetzt und der Gradientenwert nur indirekt und ungewichtet über die Schwellwertentscheidung eingeht. Die Richtung des Gradienten wird hier, im Gegensatz zu anderen Bewertungsverfahren, in das Verfahren einbezogen. Zur Wahl des Wertes für δ sollte man beachten, daß das Maß T für die Dicke der Kante nur einen kleinen Einfluß auf das Ergebnis hat und zudem eine Kantenverdünnung einfacher ist als das Füllen von Lücken in der Kante.

4.1.5 Verfahren nach Geuen und Preuth

In /GEUE83/ und /PREU81/ beschreiben Geuen und Preuth einen anderen Weg, eine Bewertung von Kantenoperatoren vorzunehmen. Ihre Verfahren resultieren nicht in einer einzigen oder zwei Bewertungszahlen, sondern in einer Anzahl von Merkmalen.

Zunächst werden die Ergebnisse der Kantendetektionsverfahren verdünnt und die verdünnten Linien segmentiert in folgende Klassen:

- o Knotenpunkt zwischen zwei oder mehreren Linien
- o Knotennachbar
- o Folgepunkte (Punkte der Linien)
- o Endpunkte einer Linie

Nachdem ein Referenzbild der Szene erstellt und ebenfalls segmentiert ist, schließt sich die Suche der Liniensegmente des Referenzbildes im Prüfbild durch ein Korrelationsverfahren an.

Dabei lassen sich unter Einbeziehung des Referenzbildes folgende Merkmale bestimmen:

o   Die Ähnlichkeit beschreibt die Übereinstimmung der Linien des Referenzkonturbildes mit denen, die durch einen Konturoperator erzeugt werden:

$$\ddot{A} = \frac{1}{GP} \sum_{i=1}^{N} KP(i)$$

GP = Gesamtpunktzahl des Referenzbildes
KP = Konturpunktzahl der erkannten Linie
N = Zahl der erkannten Linien

o   Die mittlere Lageverschiebung der erkannten Linien in horizontaler (MSH) bzw. in vertikaler (MSV) Richtung gibt Auskunft darüber, ob ein Verfahren alle Konturen in einer Vorzugsrichtung verschiebt.

o   Die geometrische Verzerrung G zeigt an, inwieweit ein Operator Kanten in unterschiedliche Richtung verschoben detektiert, was bei der Flächenberechnung von Bedeutung ist:

$$G = \sqrt{SH^2 + SV^2}$$

SH, SV = Standardabweichung der mittleren Lageverschiebung in horizontaler bzw. vertikaler Richtung

Weiterhin werden ohne Bezug zu einem Referenzbild der Verdünnungsfaktor (Anzahl der Punkte des Bildes vor der Linienverdünnung, bezogen auf die Zahl der Punkte nach der Linienverdünnung), die mittlere Länge der Liniensegmente sowie der Grad der Verzweigung bzw. der Vernetzung der Linien bestimmt.

Ein Vorteil dieses Verfahrens besteht mit Sicherheit darin, daß es nicht nur eine einzige, sondern mehrere, unterschiedliche Bewertungszahlen liefert. Jedoch gilt auch hier zu beachten, daß vor der Korrelation eine Tiefpaßfilterung des verdünnten Bildes durchgeführt wird und nur die Linien als erkannt übernommen werden, bei denen ein eindeutiges Maximum der Kreuzkovarianzmatrix vorliegt, das eine vorgegebene Schwelle überschreitet und sich um einen Mindestabstand von allen seinen 8er Nachbarn unterscheidet.

Hier findet eine Auswahl der Linien statt, die nur die "bestübereinstimmenden" Linien des Bildes einbezieht, die Merkmale bilden wiederum Mittelwerte über alle erkannten Linien.

4.2 Ein eigenes Verfahren zur Bewertung mittels idealer Kanten

In den oben vorgestellten Verfahren erweisen sich in Bezug auf die Verarbeitung realer Szenen vor allem zwei Sachverhalte als unbefriedigend:

o   Erstens fällt auf, daß nur sehr einfache Kantenmodelle in die Betrachtung eingehen, nämlich eine Sprungkante und eine Rampe. Damit können keine bezüglich des Maskenmittelpunkts unsymmetrischen Kantenverläufe modelliert werden.

o   Zweitens gibt es kaum Aussagen über Abhängigkeiten der Operatoren von der Richtung der Kante. Dies ist aber bei der Verarbeitung realer Szenen eine notwendige Voraussetzung. Da hier Kanten in beliebiger Richtung auftreten, sollten entweder Operatoren zum Einsatz kommen, deren Ergebnisse richtungsunabhängig sind, oder, wenn die Richtungsabhängigkeit bekannt ist, diese bei der weiteren Verarbeitung Berücksichtigung finden.

Aus diesem Grunde wurde ein Verfahren zur Generierung von unterschiedlichen, idealen Kanten und zur Bewertung der Operatorergebnisse in Abhängigkeit von der Richtung der Kante geschaffen.

4.2.1 Generierung idealer Kanten

Zur Bewertung unterschiedlicher Kantenhervorhebungs- und Kantenverfolgungsalgorithmen ist ein Vergleich der Verfahren untereinander bei gleichen Randbedingungen unerläßlich. Dazu war es nicht nur erforderlich, definierte Formen der Grauwertübergänge zu erzeugen, sondern auch Kanten unterschiedlicher Gradientenrichtung.

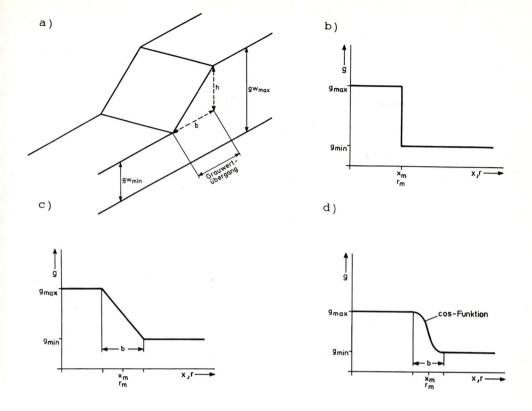

Bild 4.4: Formen des Grauwertüberganges
  a) räumliche Skizze
  b) Grauwertsprung
  c) Grauwertrampe
  d) cosinusförmiger Übergang

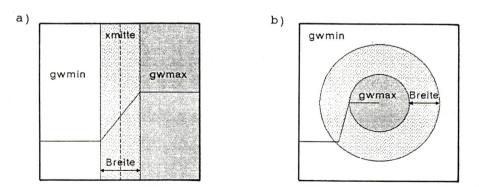

Bild 4.5: Anordnung der Kante als Balken a) oder Kreis b)

Als Formen des Grauwertüberganges wurden realisiert:

o Grauwertsprung (Bild 4.4 b)
o Grauwertrampe (Bild 4.4 c)
o cosinusförmiger Übergang (Bild 4.4 d)
o Kurven höherer Ordnung (z.B. Parabel)

Die beiden letztgenannten Formen wurden vor allem als Modell typischer Außenkanten von Objekten industrieller Szenen implementiert, da hier sehr steile Kanten vorliegen, deren Übergangsverhalten besser durch Funktionen mit stetiger Ableitung zu nähern sind als beispielsweise durch die Rampenfunktion.

Für die Anordnung der Kante wurden zwei Möglichkeiten vorgesehen (Bild 4.5):

o vertikale Kante
o radialsymmetrische Kante

Als Kameramodell wurde dabei eine ideal punktförmig abtastende CCD-Kamera mit quadratischer Anordnung der Bildpunkte angenommen:

$$g(x,y) = m(u,v) \sum_x \sum_y \delta(u-x, v-y)$$

mit $m(u,v)$: Modellfunktion mit kontinuierlichen Koordinaten u,v
  $\delta(u,v)$: ideale Abtastfunktion (Dirac-Funktion) im zweidimensionalen Raum
  $g(x,y)$: abgetastete Bildfunktion in diskreten Koordinaten (x,y)

Man beachte, daß alle im Kapitel 4.1 angegebenen idealen Kanten mit einer Untermenge des hier beschriebenen Verfahrens zu erzeugen sind. Es wurden weiterhin Verfahren zum Addieren von Rauschen und zur Drehung von Bildern implementiert, so daß sich Ergebnisse des Kapitels 4.1 nachvollziehen ließen.

Hierbei zeigte sich, daß vor allem ein Vergleich von Kantendetektoren bezüglich der Isotropie viel Rechenzeit erfordert, wenn die Bilder wie in Kapitel 4.1.1 (/DEUT78/) erst rotiert werden müssen. Dies war die Motivation, radialsymmetrische Kanten zu erzeugen, da bei großem Radius (100...500 Bildpunkte) alle Gradientenrichtungen (0...360 Grad) in einem Bild vorhanden sind.

Entsprechende Tests (Tabelle 4.1) ergaben, daß selbst bei einer Fenstergröße von 15x15 Bildpunkten (Bild 4.6) ab einem Radius von 60 Bildpunkten der Umfang des digitalen Kreises maximal einen Bildpunkt (d_max) von der Tangente des idealen Kreises abweicht. Die maximale mittlere Abweichung (d_mittel) im Fenster ist in diesem Falle kleiner als 0,336 Bildpunkte. Die Größe "Punkte" gibt die Zahl der Punkte und damit der Winkelstufen an, in die der Viertelkreis in Abhängigkeit vom Radius aufgeteilt wurde.

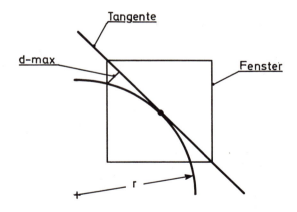

Bild 4.6:   Maximale Abweichung der Tangente des Kreises vom Radius

a)

Radius	10	20	40	50	60	80	100
Punkte	14	28	57	71	85	113	141
d_max	0,440	0,396	0,460	0,487	0,470	0,496	0,502
d_mittel	0,275	0,328	0,380	0,400	0,394	0,419	0,430
a/(Grad)	16,67	11,31	81,47	7,97	7,27	83,50	5,77

b)

Radius	10	20	40	50	60	80	100
Punkte	14	28	57	71	85	113	141
d_max	0,481	0,468	0,501	0,487	0,497	0,516	0,518
d_mittel	0,252	0,276	0,311	0,327	0,339	0,359	0,377
a/(Grad)	29,05	72,47	43,99	7,97	6,65	83,50	5,78

c)

Radius	10	20	40	50	60	80	100
Punkte	14	28	57	71	85	113	141
d_max	0,869	0,640	0,566	0,497	0,539	0,548	0,543
d_mittel	0,345	0,303	0,335	0,281	0,295	0,313	0,331
a/(Grad)	29,05	32,90	43,99	11,53	79,44	5,71	5,14

d)

Radius	10	20	40	50	60	80	100
Punkte	14	28	57	71	85	113	141
d_max	4,313	2,761	1,516	1,304	1,038	0,882	0,787
d_mittel	1,329	0,848	0,509	0,423	0,336	0,336	0,345
a/(Grad)	16,69	30,46	46,00	44,19	42,98	32,69	49,46

<u>Tabelle 4.1:</u> Abweichungen des digitalen Kreises von der Tangente
   a) Fenstergröße: 3x3 Bildpunkte
   b) Fenstergröße: 5x5 Bildpunkte
   c) Fenstergröße: 7x7 Bildpunkte
   d) Fenstergröße: 15x15 Bildpunkte

4.2.2 Bewertungsverfahren für Filterergebnisse

Zur Bewertung der Isotropie der Kantenhervorhebungsalgorithmen wurde ein Verfahren entwickelt, das das visuelle Empfinden des Menschen einbezieht. Nach Erzeugung einer radialsymmetrischen Kante bezüglich eines Radius r und Anwendung eines Kantenhervorhebungsverfahrens auf dieses Bild erfolgt eine Abtastung des Ergebnisbildes entlang des Radius r für alle Winkel δ. Mit den Abtastwerten gb(r,δ) kann ein Polardiagramm der folgenden Form als Bild erzeugt werden:

$$d(\delta) = \frac{gb(r,\delta) - gb_l}{gb_h - gb_l} \cdot r_{max}$$

Dabei ist gb(r,δ) ein Grauwert des Ergebnisbildes und d(δ) der Abstand des dazugehörigen Ergebnispunktes des Polardiagramms vom Mittelpunkt in Richtung des Winkels δ. Mittels der Faktoren gb_l, gb_h und r_{max} kann der Wertebereich {gb_l...gb_h} linear transformiert werden auf den Wertebereich {0...r_{max}} der r-Achse des Polardiagramms, um bei kleinen Änderungen des Wertebereiches diese dennoch zu visualisieren.

In Bild 4.7 sind beispielhaft zwei Polardiagramme dargestellt. Grundlage bildet eine radialsymmetrische Kante der Breite 10 Bildpunkte um den Radius 100 Bildpunkte mit linear ansteigenden Grauwerten zwischen den Werten 0 und 200. Das Bild zeigt die Polardiagramme nach Anwendung zweier Varianten des Sobel-Operators.

In Bild 4.7a wurde als Ergebnis das Maximum des Betrages der einzelnen Faltungsergebnisse gewählt, während in 4.6b die klassische Variante, nämlich die Wurzel der Summe der Quadrate der Faltungsergebnisse, berechnet wurde. Man sieht, daß die klassische Version des Sobel-Operators fast isotrope Grauwerte für alle Winkel liefert, während die Maximum-Version deutliche Maxima für Vielfache des Winkels π/2 und Minima bei ungeradzahligen Vielfachen des Winkels π/4 ergibt. Die visuelle Darstellung erweist sich weiterhin als sehr vorteilhaft zur Beurteilung der Stetigkeit der Abhängigkeit des Grauwertes vom Winkel. Es zeigte sich nämlich, daß viele Verfahren Sprünge im Polardiagramm aufweisen, was sich auf weiterverarbeitende Verfahren sehr nachteilig auswirkt.

Als weitere Beurteilungskriterien werden ausgegeben oder bei Bedarf ins Polardiagramm eingeblendet:

- maximaler Grauwert g_{max} (g<=...)
- minimaler Grauwert g_{min} (g>=...)
- Grauwertdifferenz $dg = g_{max} - g_{min}$
- relative Differenz $rd = 100 \cdot (g_{max} - g_{min})/g_{max}$

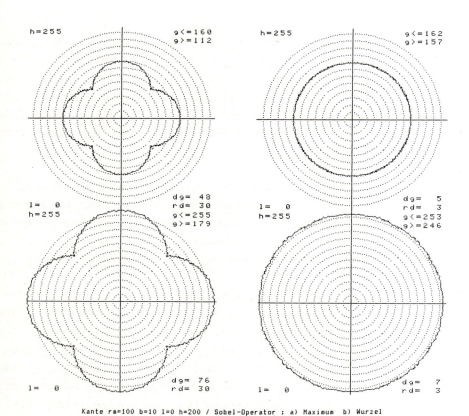

Bild 4.7: Polardiagramme einer Kante nach Anwendung des
a) Sobel-Operators in Maximum-Version
b) Sobel-Operators in Wurzel-Version

4.2.3   Ergebnisse der Bewertung idealer Kanten

Die implementierten Module zur Kantenhervorhebung sind im Anhang A.2 zusammengefaßt und sollen daher hier nur aufgezählt werden:

o boll   : Verfahren nach Bollhorst (s. Kap. 3.2.4), 3x3-Fenster, in drei Varianten
o chen   : Kantendetektion nach Frei und Chen (/FREI77/), 3x3-Fenster, drei Varianten
o chip   : Verfahren mit festverdrahteten Masken im 3x3-Fenster, die als Chip realisiert wurden (Gradienten und Richtungsbild):
             - PDSP 16401 (Plessey)
             - Robinson-Operator
o dav   : Operator nach Davis (/DAVI80/), 3x3-Fenster
o kas   : iterativer Kasvand-Operator (/KASV74/), 3x3-Fenster
o mitdif   : Mittelwert-Differenzen-Operator, 3x3- bzw. 5x5-Fenster
o moment   : Momenten-Operator, 3x3-Fenster, zwei Varianten
o range   : Range-Operator im 2x2-Fenster (/DAVI80/)
o rob   : Roberts-Kreuz-Operator im 2x2-Fenster, drei Varianten
o robin   : Robinson-Operator, 3x3-Fenster, drei Varianten, Gradienten- und Richtungsbild
o sob   : Sobel-Operator, 3x3-Fenster, drei Varianten, Gradienten- und Richtungsbild
o sumgrad : Summengradienten-Operator, 2x2-Fenster, zwei Varianten
o tm   : Universelles Modul zur Kantenhervorhebung mittels Gradienten- und Template-Matching-Verfahren, beliebige Masken, beliebige Maskengrößen, unterschiedliche Nachverarbeitungsverfahren

Das Modul tm liest die Maskengröße und die Maskenparameter aus einer Datei (Filterdatei), wodurch ein Experimentieren mit unterschiedlichen Masken leicht möglich ist. Der Gradient wird entweder durch Faltung mit zwei orthogonalen Masken und Berechnung der Wurzel der Quadratsumme (Wurzelversion) oder mittels Template-Matching-Verfahren (TM) bestimmt.

In der Datei (Anhang A3) wird dabei nur eine Maske (Richtung 0) angegeben, die Masken in unterschiedlichen Richtungen erzeugt das

Programm durch Rotieren der Matrixelemente um jeweils 45 Grad bezüglich des Mittelpunktes. Die durch das jeweilige Verfahren zu betrachtenden Richtungen werden in der Filterdatei oder in der Kommandozeile angegeben. Dadurch ist es bei der Wurzelversion möglich, das Koordinatensystem parallel zu den Kanten (Richtung 0) oder zu den Diagonalen (Richtung 1) des Bildes zu wählen. Beim TM-Verfahren lassen sich hierdurch Richtungen auswählen, um beispielsweise nur Kanten in einer Vorzugsrichtung detektieren zu können. Somit kann der Gradient auch als Maximum des Betrages zweier orthogonaler Masken berechnet werden (Kap. 3.2.2.3).

Desweiteren ist es möglich, ganzzahlige Wichtungskoeffizienten (a, b, c) anzugeben, die auf das Faltungsergebnis angewendet werden, bevor dieses auf den Wertebereich {0...255} beschränkt wird:

$$\underline{GB}_i = [\ a/b \ (\ \underline{M}_i * \underline{G} \ ) + c \ ] \ \text{mod} \ 255$$

Optional können diese Parameter (mit c=0) auch aus den Maskenkoeffizienten so berechnet werden, daß das Ergebnis im ungünstigsten Falle noch im Wertebereich liegt.

Neben einigen Optimierungsverfahren, die in diesem Kapitel noch beschrieben werden, sind noch folgende Nachverarbeitungsverfahren implementiert /WIRT87/:

- o Binarisierung mit globaler Schwelle
- o Binarisierung mit lokal adaptiver Schwelle
- o lokale Konnektivitätsprüfung (Kap. 5.1 und /ROBI77/)
- o Directional lokal adaptive threshold
  (Kap. 5.1 und /ROBI77/)

Die im Rahmen dieser Arbeit untersuchten Masken der Größen 2x2 bis 7x7 Bildpunkte sind im Anhang A.3 als Filterdateien zu finden.

Die folgende Untersuchung betrachtet die unterschiedlichen Kantenhervorhebungsalgorithmen bezüglich des für das Gesamtverfahren wichtigsten Einflußfaktors, nämlich der Unabhängigkeit (Isotropie) des Verfahrens von der Richtung der Kante.

Die Richtungsunabhängigkeit des Gradienten ist aus drei Gründen für das Verfahren wichtig:

o Die Extraktion der dominierenden Kanten geschieht mittels globaler Schwelle aus dem kantenverdünnten Gradientenbild. Besteht nun eine Richtungsabhängigkeit des Gradienten, so ist die Auswahl der Kante - bei gleichem Grauwertprofil - abhängig von der Richtung der Kante, also der Lage des Objektes. Bei kreisförmigen Objekten bedeutet dies eine Unterbrechung der Kante, wenn die Schwelle im Bereich des richtungsabhängigen Gradienten gewählt wird.

o Das Verfahren zur Wahl der Startpunkte für die Verfolgung schwächerer Kanten benutzt lokale Schwellwertverfahren. Daher ist auch hier, wenn auch in weit geringerem Maße, eine Abhängigkeit von der Isotropie des Kantenhervorhebungsverfahrens gegeben. Diese Abhängigkeit steigt mit abnehmendem unterem Grenzwert der Schwelle an, also mit der Verfolgung zunehmend schwächerer Kanten.

o Ein wichtiges Kriterium für die Linienqualität bei der Verfolgung ist der mittlere Gradientenwert längs der Kante. Daher ist das Ergebnis der Kantenverfolgung in hohem Maße abhängig von der Isotropie des Kantenhervorhebungsverfahrens.

Das Ergebnis der Kantenhervorhebung hängt ab von unterschiedlichsten Faktoren:

- o Art des Operators
- o Größe des Operators
- o Maskenkoeffizienten des Operators
- o Breite der Kante
- o Grauwertdifferenz der Kante
- o Form des Grauwertüberganges (Profil) der Kante

Da diese Faktoren eine komplexe Abhängigkeit voneinander haben, werden zunächst die Isotropiebetrachtungen bei einer festen Form, nämlich der rampenförmigen Kante, durchgeführt. Diese Form wurde deshalb gewählt, weil hier die Grauwertdifferenzen zwischen Orten gleichen geometrischen Abstandes senkrecht zur Verlaufsrichtung der Kante konstant sind. Dadurch ist gewährleistet, daß die Anwendung des Operators bei der in der Bildmatrix zwangsläufig vorliegenden Diskretisierung des Ortes unabhängig gegenüber Verschiebungen um einen Bildpunkt wird und damit auch der Abtastradius bei der Erstellung des Polardiagramms unkritisch ist. Dazu muß zusätzlich die Breite der Rampe größer gewählt werden als die maximale Ausdehnung des größten Operators.

Es erfolgte daher zunächst eine Untersuchung der verschiedenen Arten (Gradienten, TM-Verfahren, ...) der Operatoren mit unterschiedlichen Maskengrößen und -koeffizienten in Abhängigkeit von der Grauwertdifferenz der Kante. Als Radius (Rm) der kreisförmigen Kante wurden 100 Bildpunkte gewählt, um die Abweichung zwischen Kreisumfang und Tangente minimal zu halten (Tabelle 4.1). Als Steigungen der Kante (Delta = $\frac{h-l}{b}$) wurden { 20, 10, 6, 2 } gewählt, es gingen also auch extrem schwache Kanten (Delta = 2) in die Untersuchung ein.

Bild 4.8 zeigt die Polardiagramme der Filterergebnisse des Template-Matching-Verfahrens (TM) mit Robinson-Operator (ftrob2, Sobel-Maske) bei Kanten gleicher Breite (b=10) und Radius (rm=100) bei unterschiedlicher Grauwertdifferenz. Die Steigung Delta der Grauwertkante beträgt 20 in Bild 4.8a), 10 in c) und 6 in e). Das Gradientenbild wurde auf dem Radius rm=100 abgetastet und als Polardiagramm dargestellt. Es ist zu erkennen, daß der Gradient wie erwartet proportional der Steigung Delta ist. Der Wert des Gradienten ist abzuschätzen durch folgende Überlegung (Bild 4.9):

Beim Robinson-Operator werden benachbarte Bildpunkte nicht subtrahiert, sondern jeweils Bildpunkte mit dem Abstand 2, deren Differenz bei einer Steigung von Delta = 20 Grauwerten pro Bildpunktabstand und idealer Kante 40 Grauwerte (hier 100-60=40) beträgt. Es wird über drei Bildpunkte gemittelt mit den Maskenparametern 1, 2, 1. Dies bedeutet, daß das Ergebnis der Faltung mit der Robinson-Maske (1+2+1)·40 = 160 Grauwerte ergibt. Dieses Ergebnis wird noch mit dem oben erwähnten Wichtungskoeffizienten a/b der Maske (a=1, b=2 für rob2, siehe Anhang A3) multipliziert, so daß als Ergebnis der Wert 80 im Gradientenbild abgelegt wird.

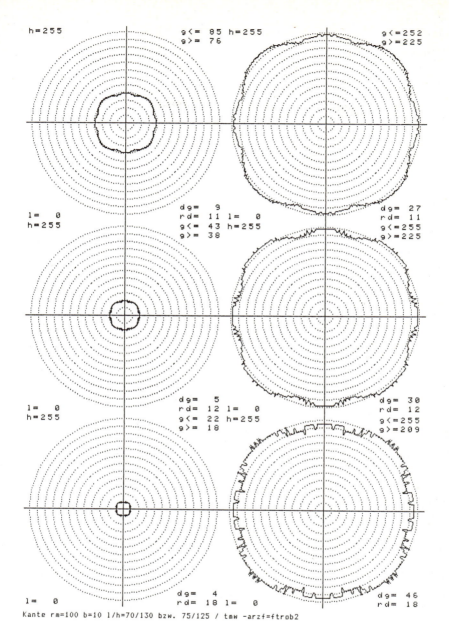

Bild 4.8: Polardiagramme des Gradientenbildes einer Kante bei unterschiedlicher Steigung der Kante

    Kante: rm=100, b=10   Verfahren: TM mit ftrob2
- a) Delta = 20   b) nach linearer Streckung
- c) Delta = 10   d) nach linearer Streckung
- e) Delta = 6   f) nach linearer Streckung

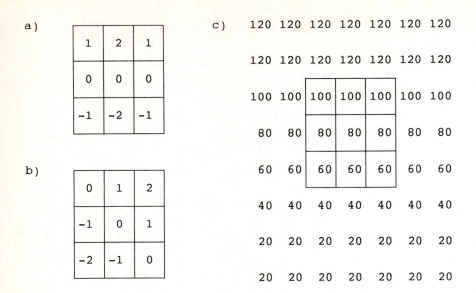

Bild 4.9: Faltung eines Bildausschnittes
  a) Robinson-Maske $\underline{M}_0$
  b) Robinson-Maske $\underline{M}_1$ (um 45 Grad rotiert)
  c) betrachteter Bildausschnitt (horizontale Kante der Steigung 20)

Beim Vergleich mit Bild 4.7a ist zu erkennen, daß einerseits die Richtungsabhängigkeit des Gradienten beim TM-Verfahren wesentlich geringer ist als bei der Näherung des Gradienten durch das Maximum des Betrages der Faltung mit nur zwei orthogonalen Masken. Dabei lagen beiden Verfahren die gleiche Grauwertkante und gleiche Maskenkoeffizienten zugrunde. Dies ist dadurch bedingt, daß beim TM-Verfahren nicht nur zwei orthogonale Richtungen betrachtet werden, sondern mit acht um jeweils 45 Grad gedrehten Masken (bzw. vier bei zur Kantenrichtung symmetrischen Masken) gefaltet und der maximale Betrag als Gradient übernommen wird.

Weiterhin fällt auf, daß die exakte Bestimmung des Gradienten (Wurzelversion, Bild 4.7b die besten Ergebnisse zeigt.

Da der maximale Gradient eines Bildes abhängig ist von der Steigung der steilsten Kante des Bildes, wurden (mit wenigen Ausnahmen, wie ftrob2) alle Faltungsmasken mit den Wichtungskoeffizienten (a, b) so normiert, daß der Betrag des größten Faltungsergebnisses den Wert 255 erreicht. Dieser Fall tritt dann ein, wenn alle Maskenkoeffizienten gleichen Vorzeichens, deren Betragssumme maximal ist, mit dem Grauwert 255 multipliziert werden und alle übrigen Produkte 0 ergeben. Daher wurden für den Wert a der maximale Betrag der Summe aller Maskenkoeffizienten gleichen Vorzeichens und b zu 1 gesetzt. Für den Robinson-Operator ergibt sich zum Beispiel a = MAX [(1+2+1), (-1-2-1)] = 4.

Da ein Vergleich der Richtungsabhängigkeit von Ergebnissen bei kleinen Gradien im Polardiagramm und damit gleichzeitig auch im Gradientenbild kaum möglich ist, wurden die Ergebnisse auf den Wert 255 normiert durch eine <u>lineare Streckung</u> des Grauwertbereiches des Gradientenbildes. Die Polardiagramme nach dieser linearen Transformation sind in Bild 4.8 b,d,f dargestellt. Hier zeigt sich, daß die prinzipielle Form der Polardiagramme bei unterschiedlicher Steigung übereinstimmt und der Robinson- Operator die diagonalen Kanten leicht überbetont. Jedoch ist auch zu erkennen, daß bei Kanten kleiner Steigung das Polardiagramm Sprünge aufweist. Dies liegt in der linearen Streckung begründet, da bei kleinen Steigungen der Kante (b=6 in Bild 4.8 e) der Gradient nur wenige (dg=4) kleine Grauwerte (g≥22, g≤26) erreicht und diese Werte als Stufen im linear gestreckten Gradientenbild und im Polardiagramm (Bild 4.8 f) zu sehen sind.

Dieses Verhalten wird oft nicht beachtet, wenn Kantenhervorhebungsalgorithmen in der Literatur derart miteinander verglichen werden, daß nach Anwendung des Operators auf eine Grauwertszene die Schwelle zur Binarisierung des Gradientenbildes so gewählt wird, daß sich ein optimales Binärbild mit möglichst wenig Störpunkten ergibt. Da hier meist weder eine Aussage über den Kontrast der Kanten noch über die für die einzelnen Filter verwendeten Wichtungskoeffizienten oder gar über das Histogramm des Gradientenbildes gemacht werden, sind die Ergebnisse nicht nachzuvollziehen. Je nach Wahl der Wichtungskoeffizienten können sich gänzlich unterschiedliche Ergebnisse einstellen. Dies liegt darin begründet, daß der Mensch die Qualität des Binärbildes am Vorhandensein von Feinstrukturen des Bildes, also an den schwächeren Kanten, beurteilt. Sind die Wichtungskoeffizienten so gewählt, daß der optimale Binärschwellenbereich bei kleinen Grauwerten liegt, so kann bei der Binarisierung nur wenig differenziert werden, und das Ergebnis bei einem anderen Filter, der die Binärschwelle in einem höheren Wertebereich hat, fällt subjektiv besser aus.

Diese Schwierigkeit ergibt sich auch bei einigen in Kapitel 4.1 genannten Bewertungsverfahren, die mit Binarisierung des Gradientenbildes arbeiten.

Daher wurde für alle Verfahren eine <u>optimierte Streckung</u> des Gradientenwertes implementiert, die das Grauwertbild in zwei Durchläufen bearbeitet. Im ersten Durchlauf werden die in der Filterdatei vorgegebenen Wichtungskoeffizienten angewendet und das Ergebnis auf 255 begrenzt:

$$\underline{GB}_i = [\ a/b\ (\ \underline{M}_i * \underline{G}\ )\ ]\ \text{mod}\ 255$$

Dabei wird in einer Variablen GBMAX der Maximalwert des Ergebnisses vor der Modulo-Operation gespeichert und im zweiten Durchlauf dieser Wert in die Normierung einbezogen:

$$\underline{GB}_i = [\ (255 \cdot a)/(b \cdot GBMAX) \cdot (\ \underline{M}_i * \underline{G}\ )\ ]\ \text{mod}\ 255$$

Dieses Verfahren hat den Vorteil, daß es den Gradienten unabhängig vom Bildmaterial und den Wichtungskoeffizienten auf den Wert 255 normiert. Hier ist also im Gegensatz zur linearen Streckung die Zahl der Stufen des Polardiagrammes unabhängig von den Wichtungskoeffizienten. Dies läßt die Polardiagramme der optimierten Version homogener erscheinen (Anhang A.5) und ist Voraussetzung für einen gerechten Vergleich unterschiedlicher Filterverfahren bei Variation der Steigung der Kanten.

Die Abbildungen der Polardiagramme aller betrachteter Verfahren bei unterschiedlichen Kantenformen und -steigungen würden den Rahmen der Arbeit sprengen. Neben der vergleichenden Auswertung der Form der Polardiagramme ist auch eine Isotropieaussage möglich über die auf den minimalen Gradientenwert bezogene relative Differenz rd des Verfahrens, die bei der Erstellung des Polardiagrammes mit ausgegeben wird. Je kleiner die relative Differenz, umso richtungsunabhängiger ist das Verfahren, und das Polardiagramm nähert sich umso mehr der Kreisform. Daher soll im folgenden zunächst anhand von Tabellen mit der relativen Differenz eine Aussage über Kantenextraktionsverfahren gemacht werden:

Filter \ Steigung	rm = 100			rm = 50		
	6	10	20	6	10	20
ftgrad3x1	29	31	29	29	31	30
ftgrad3x2	17	13	12	11	13	12
ftgrad3x3	11	12	11	11	12	10
ftrob	15	12	8	14	12	12
ftrob2	16	12	9	13	12	12
ftmodsob	16	16	13	18	16	16
ftiso3x3	12	9	7	12	9	8
ftkirsch	12	12	11	12	12	10
ftkompass	13	13	11	13	12	11
ftgrad5x5	11	10	10	11	11	10
ftmod5x5_1	13	12	10	11	12	12
ftmod5x5_2	9	8	8	9	8	9
ftlaw5x5	12	11	10	10	10	11
ftgauss5x5	22	23	22	25	24	22
ftgrad7x7	10	10	10	10	10	10
ftmod7x7_1	13	13	12	12	12	12
ftmod7x7_2	8	8	7	8	7	8
ftgauss7x7	13	12	11	12	12	12
ftgauss7x7_1	13	13	12	12	12	13
chip -rv=0	11	11	12			
chip -rv=1	15	12	11			
moment -rv=1	100	100	100			
moment -rv=2	100	100	100			
mitdif rv=1 f=20	11	12	12			
mitdif -rv=2 f=4	19	18	18			
sumgrad -rv=1	58	53	52			
sumgrad -rv=2	56	53	52			
rob -rv=1	33	33	31			
rob -rv=2	50	0	14			
rob -rv=3	60	63	56			
sob -rv=1	33	30	30			
sob -rv=2	8	5	3			
sob -rv=3	31	30	30			

Tabelle 4.2: Relative Differenz des Gradienten in Abhängigkeit von der Steigung der Kante
Verfahren: TM und Gradientenverfahren mit linearer Streckung der Gradientenwerte (keine Optimierung)

Es fällt in Tabelle 4.2 zunächst auf, daß die Näherungsverfahren (s. Kap. 3.2.2.3) mittels maximaler Richtungsableitung und Summe der Beträge der Richtungsableitungen (rob und sob bei v= 1 bzw.3) sowie die Operatoren moment, mitdif, sumgrad hohe relative Differenzen aufweisen, also stärker richtungsabhängig sind als die Mehrzahl der TM-Operatoren (ft....). Daher wurden die Ergebnisse dieser Operatoren nicht in die folgende Betrachtung einbezogen.

Ebenfalls werden hier die Operatoren im mehrdimensionalen Vektorraum, wie z.B. die Verfahren nach Frei und Chen oder Bollhorst, nicht weiter betrachtet, da die Ergebnisse dieser Operatoren keine Aussage über den Gradienten der Kante zulassen, sondern nur das Vorhandensein einer Kante detektieren.

Außerdem sind die Ergebnisse der sehr kleinen Masken (3x1, 3x2, 2x2), wie auch in den weiteren Betrachtungen zu sehen, vergleichsweise schlecht.

Als bestes Verfahren zeigt sich die exakte Berechnung des Gradienten in der Wurzelversion, hier mittels Sobel-Operator (sob - rv=2).

Die relativen Differenzen sind bei günstiger Wahl (aber auch nur dann) der Wichtungskoeffizienten der Masken im Falle linearer Streckung sehr ähnlich den Ergebnissen der optimierten Streckung, da dann nur die Beschränkung auf ganzzahlige Ergebnisse im Wertebereich {0...255} vor der linearen Streckung eingeht. Daher wird auf die lineare Streckung hier nicht näher eingegangen.

Die Ergebnisse der optimierten Streckung (Tabelle 3 in Anhang A4) zeigen bei konstantem Radius r_m=100 und Breite b=10, daß für große Steigungen auch kleine Masken (3x3) noch relative Differenzen kleiner 10 erreichen, während bei kleinen Steigungen nur noch einige größere Masken diesen Wert unterschreiten.

Als bester Operator fällt hier der Operator ftkirsch5x5 auf, eine dem 3x3-Kirsch-Operator nachempfundene mittelwertfreie 5x5-Maske. Weiterhin sind die modifizerten Operatoren (ftmod...) vor allem bei größeren Steigungen in der mittenbetonten Form (ftmod7x7_2) den homogenen Formen (ftmod7x7) überlegen.

Die in /KORN85/ vorgeschlagenen Gauß'schen Masken (s. Kap. 3.2.5) zeigten durchweg schlechtere Ergebnisse.

Die oben beschriebenen Ergebnisse bestätigen sich auch für kleinere Radien der Kante (r_m = 50 bzw. 20), obwohl hier die Abweichung der Tangente vom Umfang der Kante im Bereich der Maske, wie oben gezeigt, größer wird.

Im Anhang A.5 ist eine kleine Auswahl der Polardiagramme der Filterverfahren mit optimierter Streckung abgebildet. Mittels dieser Diagramme ist zusätzlich zur entsprechenden Tabelle 3 in Anhang A.4 auch ein optischer Vergleich der Isotropie einiger Verfahren miteinander möglich. Hier ist im Gegensatz zur Tabelle auch der Verlauf des Gradienten über dem Winkel zu beurteilen. Für kleinere Steigungen (Delta = [h-l]/b = 6) der Kante zeigt der Verlauf des Gradienten wieder diskrete Stufen. Dies läßt sich jedoch bei optimierter Streckung des Grauwertebereiches, wie oben erklärt, nicht mehr durch ungünstige Wahl der Wichtungskoeffizienten begründen, sondern durch den bei kleiner Steigung der Grauwertkante sprunghaften Übergang des diskreten Grauwertes im Originalbild. Dies ist auch daran zu erkennen, daß die Polardiagramme für die von den Maskenparametern identischen Filter ftrob und ftrob2 bei unterschiedlichen Wichtungskoeffizienten identische Polardiagramme ergeben.

In den linken Polardiagrammen ist außerdem der Verlauf des in acht Richtungen diskretisierten Winkels der Verfahren wiedergegeben. Hier kann man erkennen, daß die Winkelbereiche bei verschiedenen Verfahren nicht, wie im Idealfall erwartet, nach jeweils 45 Grad springen, sondern im Grenzbereich oft oszillieren und außerdem Winkelbereiche kleiner oder größer 45 Grad auftreten. Untersuchungen, bei denen das Richtungsbild eines für das entsprechende Grauwertbild günstigen Operators durch das eines ungünstigen Operators ersetzt wurde, ergaben, daß diese Abweichungen aber auf das Verfahren keinen nennenswerten Einfluß haben, so daß dieses Verhalten hier nicht näher betrachtet wird.

Eine weitere Verbesserung der Isotropie einiger Masken läßt sich, wie in /WIRT87/ untersucht, durch Anpassung der Wichtungskoeffizienten derjenigen Masken, die deutlich kleinere Gradienten erzeugen, erreichen. Dies soll am Beispiel des Operators ftmod7x7_1 und ftgauss7x7 (Bild 4.10) erklärt werden:

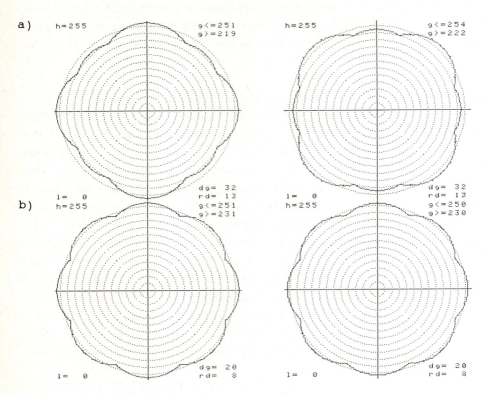

Bild 4.10: Verbesserung der Isotropie des TM-Verfahrens
           a) TM-Verfahren   b) verbessertes TM-Verfahren
           links: ftmod7x7_1   rechts: ftgauss7x7

Für horizontale und vertikale Kanten erreicht der Gradient im Polardiagramm (Bild 4.10 a, links) maximal den Wert 251, während er für diagonale Kanten nur einen Wert von etwa 228 annimmt. Wird nun der Wichtungskoeffizient der diagonalen Masken mit dem Wert 251/228 multipliziert, so hat der Gradient auch hier den Wert 251. Damit wird aber gleichzeitig der minimale Gradient (Knickpunkt des Polardiagrammes) nach höheren Grauwerten verschoben, was eine Verbesserung der relativen Differenz und damit der Isotropie des Verfahrens zur Folge hat.

Die besten Ergebnisse zeigt die exakte Bestimmung des Gradienten in der Wurzelversion (Tabellen 4 und 5 in Anhang A.4). Hier sind die relativen Differenzen bei allen Masken kleiner als bei jedem anderen Verfahren. Selbst bei einer Steigung von Delta = 6 Grauwerten übersteigen sie den Wert rd=10% nur für einzelne Masken. Es wurde hier nur die optimierte Streckung betrachtet, da die Ergebnisse bei linearer Streckung mit den gleichen, oben erwähnten Schwierigkeiten behaftet sind.

Betrachtet man die Ergebnisse in Abhängigkeit von der Steigung Delta und dem Radius der Kante (Anhang A4, Tabelle 4), so sind bei großen Steigungen die 3x3-Masken den größeren Masken nur wenig unterlegen, während sich bei kleinen Steigungen die großen Masken als deutlich besser erweisen. Die modifizierten Masken sind bei diesem Verfahren den homogenen nicht mehr überlegen. Da sie im Falle einer Überlagerung des Bildes mit Rauschen wegen der höheren Wichtung der inneren Punkte der Maske schlechtere Ergebnisse zeigen als die integrierenden homogenen Masken, sind sie im Gegensatz zum TM-Verfahren hier nicht zu empfehlen.

4.3 Eigenes Verfahren zur Bewertung realer Kanten

Die in der Literatur beschriebenen Verfahren zur Bewertung von Kantenfindungsverfahren weisen, wie bei der Beschreibung der Verfahren schon angedeutet, alle gewisse Nachteile auf und erweisen sich bei der Bewertung realer Szenen als nur bedingt geeignet.

Einige Verfahren sind aus Randbedingungen des Bildes (/FRAM75/) und der Kante (Sprungkante bei /ABDOU79/) hergeleitet, andere lassen nur eine einzige, globale Aussage über das gesamte Bild zu. Oft aber sind gerade die Grenzbereiche bei sehr schwachen Kanten interessant, da sich gerade hier die Leistungsfähigkeit oder die Unterschiede einzelner Operatoren zeigen.

Weiterhin bringen Schwellenentscheidungen bei der Bewertung Nachteile mit sich, da hier ja ebenfalls die Bereiche der schwächeren Kanten ausgeblendet und damit nicht in die Bewertung einbezogen werden. Auch sind die Ergebnisse einiger Verfahren abhängig von der Breite der Linie, was dann Bedeutung erlangen kann, wenn Kantenverdünnungsoperatoren Anwendung finden.

Aus diesen Gründen wurde ein eigenes Verfahren entwickelt, das keinen Anspruch auf Allgemeingültigkeit erhebt, aber sowohl bei der Entwicklung des hier vorgestellten Verfahrens Anwendung fand als auch ein Hilfsmittel zur Parameteroptimierung bildet.

4.3.1 Erzeugung eines Referenzbildes

Als Grundlage des Bewertungsverfahrens dient ein Referenzbild, das als Teilmenge alle zu bewertenden Kanten enthalten muß. Damit ist die Möglichkeit gegeben, gezielt die Kanten auszuwählen, die in die Bewertung eingehen sollen.

Das Referenzbild als Drahtmodell der sichtbaren Kanten kann prinzipiell aus den CAD-Daten der Objekte, die in der Regel in Datenbanken vorliegen, und der Relativposition der Objekte bezüglich der Kamera unter Einbeziehung der Abbildungsvorschrift der verwendeten Optik berechnet werden.
Hier fiel die Wahl wegen Fehlens entsprechender Datenbankanschlüsse auf die interaktive Erstellung des Referenzbildes durch einen Editor.

Der Referenzbildeditor arbeitet auf der Originalszene, einer vorverarbeiteten Szene oder einer Überblendung von Original- und vorverarbeiteter Szene als Eingabebild. Mittels einer Maus lassen sich im Eingabebild oder in einem um eine Zweierpotenz gezoomten Ausschnitt des Bildes die Kanten als Folge von Primitiven festlegen. Als Primitive, die sowohl gesetzt als auch gelöscht werden können, sind implementiert:

- o Geraden
- o Kreisausschnitte
- o beliebige Kurven (Pen-Down-Mode)

Durch die Möglichkeit, in jedem Zustand der Bearbeitung die Zoomstufe und den Bildausschnitt zu ändern, ist die Lage der Kante im Eingabebild sehr genau lokalisierbar.

Eine differenzierte Auswertung der Szene wird durch eine hierarchische Zusammenfassung der Primitiven zu folgenden drei Klassen ermöglicht, deren Bezeichnung in Anlehnung an die Drahtmodelle der Objekte gewählt wurde:

- Linien
- Kanten
- Objekte

Die Zusammenfassung mehrerer Primitiven zu einer Linie gestattet es, auch komplexe Kanten recht einfach zu editieren. Durch die Vereinigung mehrerer Linien zu einer Kante ergibt sich die Möglichkeit, eine physikalisch zusammenhängende Kante in mehrere logische Teile zu untergliedern und getrennt zu bewerten, wenn zum Beispiel die Kante teilweise abgeschattet ist und sich dadurch ein sehr inhomogener Verlauf ergibt.

Durch die Zusammenfassung von Kanten zu Objekten lassen sich Teile der Szene als Summe mehrerer Objekte sehr leicht getrennt bewerten.

Die Zuordnung der Primitiven zu den drei Klassen geschieht interaktiv durch den Bediener. Somit ist es natürlich auch möglich, die Kriterien der Zuteilung zu den Klassen selbst festzulegen. Als weitere denkbare Merkmale für die Zusammenfassung zu einer Klasse bieten sich beispielsweise der Kontrast der Kante oder die Orientierung der Kante an, so daß dann auch eine nach diesen Kriterien getrennte Bewertung erfolgen kann.

Das Ergebnis des Editors, also das hierarchisch strukturierte Referenzbild, wird als Datenstruktur in einer Textdatei abgelegt und steht als Eingabestruktur für Bewertungsverfahren zur Verfügung.

4.3.2 Bewertungsverfahren

Für die Bewertung werden, ausgehend von der Referenz-Datenstruktur, zunächst ein Abstands- und ein Label-Bild erzeugt.

Das <u>Abstandsbild</u> enthält für jeden Bildpunkt die Entfernung zur nächstgelegenen Linie. Es wird derart erzeugt, daß, beginnend mit der Linie mit dem Abstand 0, für jeden weiteren Nachbarn die Entfernung inkrementiert wird. Zur Definition der Nachbarschaft gibt es dabei in kartesischen, digitalen Koordinaten zwei Möglichkeiten:

Zur Vierer-Nachbarschaft (Bild 4.11 a) gehören nur die horizontal und vertikal benachbarten Bildpunkte, während bei der Achternachbarschaft (Bild 4.11 b) auch die diagonal benachbarten Bildpunkte Berücksichtigung finden.

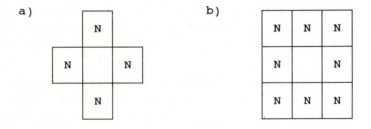

<u>Bild 4.11:</u> Vierer-Nachbarschaft (a) und Achter-Nachbarschaft (b)

Für die Erzeugung des Abstandsbildes stehen vier mögliche Verfahren zur Verfügung, die jeweils unterschiedliche Entfernungsklassen erzeugen (Bild 4.12):

        a) reine Vierernachbarschaft
        b) reine Achternachbarschaft
        c) gemischte Vierer-/Achternachbarschaft
        d) gemischte Achter-/Vierernachbarschaft

Bei den gemischten Verfahren werden jeweils alternierend die Nachbarschaftsdefinitionen angewendet, beginnend mit der erstgenannten.

a) Vierernachbarschaft

5	4	4	3	2	2	1	1
4	3	3	2	1	1	0	0
3	2	2	1	0	0	1	1
2	1	1	0	1	1	2	2
1	0	0	1	2	2	3	3
0	1	1	2	3	3	4	4
1	2	2	3	4	4	5	5
2	3	3	4	5	5	6	6

b) Achternachbarschaft

3	3	2	2	2	1	1	1
3	2	2	1	1	1	0	0
2	2	1	1	0	0	1	1
1	1	1	0	1	1	1	2
1	0	0	1	1	2	2	2
0	1	1	1	2	2	3	3
1	1	2	2	2	3	3	4
2	2	2	3	3	3	4	4

c) Vierer-Achternachbarschaft

4	4	3	2	2	2	1	1
3	3	2	2	1	1	0	0
2	2	2	1	0	0	1	1
2	1	1	0	1	1	2	2
1	0	0	1	2	2	2	3
0	1	1	2	2	3	3	4
1	2	2	2	3	4	4	4
2	2	3	3	4	4	5	5

d) Achter-/Vierernachbarschaft

4	3	3	2	2	1	1	1
3	3	2	1	1	1	0	0
2	2	1	1	0	0	1	1
1	1	1	0	1	1	1	2
1	0	0	1	1	2	2	3
0	1	1	1	2	3	3	3
1	1	2	2	3	3	4	4
2	2	2	3	3	3	4	4

<u>Bild 4.12:</u> Abstandsbilder der unterschiedlichen Verfahren bei Vorgabe der gleichen Geraden (0....0)

Das Bild wird nun in für die zu bewertenden Klassen disjunkte Segmente eingeteilt, jedem Segment eine fortlaufende Nummer (Label) zugeordnet und ins <u>Labelbild</u> eingetragen. Dabei ist es möglich, für das Bewertungsverfahren beliebige Objekte, Kanten oder Linien auszuschließen, um so mit nur einer Referenzdatenstruktur unterschiedliche Bildbereiche oder Linienklassen getrennt zu bewerten.

Schließlich besteht noch die Möglichkeit, statt des mit dem Kantenhervorhebungsverfahren gewonnenen Richtungsbildes ein <u>neutrales Richtungsbild</u> in die Bewertung einzubeziehen. Die Erzeugung dieses Bildes geschieht mit dem Template-Matching-Verfahren, wobei die modifizierbare Maske aus einer Datei gelesen wird. Hier wurde mit folgender neutraler Maske $\underline{M}_0$ gearbeitet:

1	1	1
0	0	0
0	0	0

Die Wirkung dieser Maske kann man sich leichter verdeutlichen, wenn man für den Zentralpunkt der Maske statt 0 den Wert -3 einsetzt und bedenkt, daß der Operator auf jeden Bildausschnitt achtmal mit um jeweils 45 Grad rotierter Maske angewendet und die Richtung ins Richtungsbild übernommen wird, deren Faltungsergebnis maximal ausfällt. Die hier vorgeschlagene Berechnung des Gradienten zwischen Zentralbildpunkt und dem Mittelwert über drei Bildpunkte der jeweiligen Richtung dient der teilweisen Unterdrückung von Störungen.

Bei der Bewertung werden folgende <u>Merkmale</u> berechnet:

o   Die Zahl der <u>Grat-Punkte (ZGP)</u> jeder Abstandsklasse, d.h die Zahl der Punkte, deren Gradientenwert ein lokales Maximum darstellt. Der Gradientenwert eines Bildpunktes ist dabei ein lokales Maximum, wenn in einem senkrecht zur Kantenverlaufsrichtung liegenden Streifen der wählbaren Breite b kein höherer Gradientenwert vorliegt. Die Breite b gibt damit auch den angenommenen Minimalabstand von zwei unterschiedlichen Kanten an.

o   Die Zahl der <u>Hang-Punkte (ZHP)</u> jeder Abstandsklasse. Sie beinhaltet die Zahl der Bildpunkte pro Abstandsklasse, deren Gradientenwert kein lokales Maximum ist. Es sei hier darauf hingewiesen, daß die Summe aus ZGP und ZHP nicht die Zahl der Bildpunkte der Referenzkontur ergeben muß, bedingt durch Krümmung der Kontur und Segmentierung des Bildes bezüglich des kleinsten Abstandes zur jeweils nächstliegenden Kontur.

o   Die Zahl der <u>Punkte je Abstandsklasse (ZPA)</u> als Summe ZGP+ZHP, wobei ZPA(0) die Zahl der Punkte der Idealkontur ist.

o   Die <u>relative Zahl der Grat-Punkte (RGP)</u> und der Hang-Punkte (RHP), bezogen auf die Zahl der Punkte der jeweiligen Abstandsklasse.

o   Die Zahl der <u>Punkte im Einflußbereich der Linie (ZPE)</u>.

o   Der <u>mittlere Gradient (MG)</u> aller Bildpunkte der jeweiligen Abstandsklasse.

o   Der <u>mittlere Grat-Wert (MGW)</u>, d.h. der mittlere Gradient aller Grat-Punkte der Abstandsklasse.

o   Der <u>mittlere Hang-Gradient (MHG)</u>, also der mittlere Gradient aller Hang-Bildpunkte der Abstandsklasse.

Diese Merkmale lassen sich für alle Abstandsklassen $\{0...A_{max}\}$ und alle aktiven, d.h. nicht ausgeschlossenen Linien, getrennt berechnen.

Ein weiteres Merkmal, das über alle Abstandsklassen für jede Linie ermittelt wird, ist <u>Pratt's Figure of Merit</u>. Dabei gilt die Annahme, daß alle Grat-Punkte im Einzugsbereich der Linie die Kante repräsentieren:

83

$$F = \frac{1}{\max\{I_i, I_a\}} \sum_{i=1}^{I_a} \frac{1}{1 + \alpha\, d^2(i)}$$

mit: $I_i = ZPA(0)$

$$I_a = \sum_{i=0}^{A_{max}} ZGP(i)$$

Aus den Merkmalen für die einzelnen Linien erfolgt die Berechnung des gleichen Satzes an Merkmalen ebenfalls für die Kanten und die Objekte, wobei die bezogenen Werte (Mittelwerte und relative Werte) nicht einfach gemittelt, sondern als absolute Werte addiert und auf die neue Basis bezogen werden.

Für die Bewertung besteht, wie oben bereits erwähnt, zum einen die Möglichkeit, einzelne Objekte, Kanten oder Linien auszuschließen, zum anderen sind die Merkmale nur bis zu einer vorzugebenden Hierarchiestufe in Form von Tabellen auszugeben oder auch für eine weitere Auswertung zur Verfügung zu stellen.

4.3.3 Ergebnisse der Bewertung realer Kanten

An dieser Stelle sollen an einem Beispiel nur einige Möglichkeiten und Ergebnisse des Bewertungsverfahrens gezeigt werden. Grundlage ist in diesem Beispiel die in Bild 3.1.a abgebildete und mittels des Referenzbildeditors zu 20 Linien segmentierte Szene.

Bild 4.13 zeigt ein binarisiertes Gradientenbild sowie das Referenzbild mit den Liniennummern.

Es werden nur die Bewertungsergebnisse der für einen Großteil aller Kanten repräsentativen Linien 8, 9, 12 und 16 betrachtet, die für folgende elf unterschiedliche Filtermasken dargestellt sind:

Filter-Nr.	Filtermaske
1	ftgrad3x1
2	ftgrad3x2
3	ftgrad3x3
4	ftgrad5x5
5	ftgrad7x7
6	ftlaw5x5
7	ftmod5x5_2
8	ftmod7x7_1
9	ftmod7x7_2
10	ftgauss5x5
11	ftgauss7x7_1

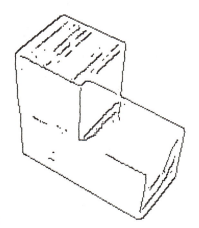 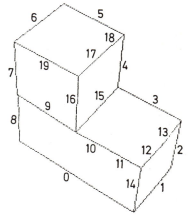

<u>Bild 4.13:</u> Binarisiertes Gradientenbild und Referenzbild mit Nummern der Referenzlinien

Linie 8 ist hier ein typischer Vertreter der Außenkontur eines Objektes mit hohem Kontrast zum Hintergrund. Dies zeigt sich in sehr hohen mittleren Gradientenwerten (Bild 4.14 a), einer hohen Zahl der Grat-Punkte (Bild 4.15 a) in den Abstandsklassen 0 und 1 bei sehr kleinen Werten in größeren Abstandsklassen sowie sehr hohen mittleren Grat-Werten (Bild 4.16 a) in den Abstandsklassen 0 und 1, die die Werte des mittleren Gradienten des entsprechenden Filters noch übersteigen. Die höhere Zahl der Grat-Punkte in der Abstandsklasse 1 gegenüber der Klasse 0 ist darin begründet, daß hier die Punkte der Klasse 1 rechts und links der Linie zusammengefaßt sind (etwa die doppelte Anzahl der betrachteten Punkte gegenüber der Klasse 0). Zudem wurde die Linie 8 als Gerade segmentiert, und diese digitale Gerade wechselt nicht immer mit dem maximalen Grat-Wert, sondern oft in anderen Zeilen des Bildes die Spalte. Der einzelne hohe mittlere Grat-Wert in Abstandsklasse 2 resultiert aus einem einzigen Grat-Punkt in Abstandsklasse 2 mit diesem Gradienten. Er ist bei Anwendung des Filters ftgrad7x7 an der Ecke zur Linie 9 entstanden. Dieses Filter bewertet den Außenbereich des Fensters gegenüber allen anderen hier verwendeten 7x7-Filtern recht hoch.

Auch Linien im mittleren Gradientenbereich, z.B. die Linie 16, zeigen noch sehr ähnliches Verhalten bei entsprechend niedrigeren mittleren Gradienten (Bild 4.14 b) bzw. mittleren Grat-Werten (Bild 4.16 b). Bei der Linie 16 ist die Anzahl der Grat-Punkte (Bild 4.15 b) in Abstandsklasse 0 hoch gegenüber der Zahl in Abstandsklasse 1, da die Kante parallel zur Spalte des Bildaufnehmers liegt.

Kante 9 ist ein Beispiel für eine schwache Kante mit mittleren Gradientenwerten unter 20 (Bild 4.14 c). Hier liegen die mittleren Grat-Werte der Abstandsklassen 2 und 3 schon in der Größenordnung der Klasse 1 (Bild 4.15 c), und alle Abstandsklassen haben eine von Null verschiedene Zahl der Grat-Werte (Bild 4.15 c). Die hohe Zahl der Grat-Werte in Abstandsklasse 2 ist hier in der Art der Kante begründet: Die dem Betrachter zugewandten Flächen des Würfels und des Quaders liegen nicht exakt in einer Ebene, und daher bildet sich ein Schatten, der die Kante als Grauwerteinbruch der Breite von etwa drei Bildpunkten mit einem größeren Gradienten an beiden Flanken der Kante erscheinen läßt.

Eine sehr schwache Kante repräsentiert Linie 12 mit mittleren Gradienten kleiner 10. Hier ist nur eine leichte Änderung des Gradienten (Bild 4.14 d) über die Abstandsklassen festzustellen, was eine exakte Verfolgung der Kante unmöglich macht. Dies ist auch an dem für die ersten drei Abstandsklassen etwa gleichen mittleren Grat-Wert zu erkennen (Bild 4.16 d).

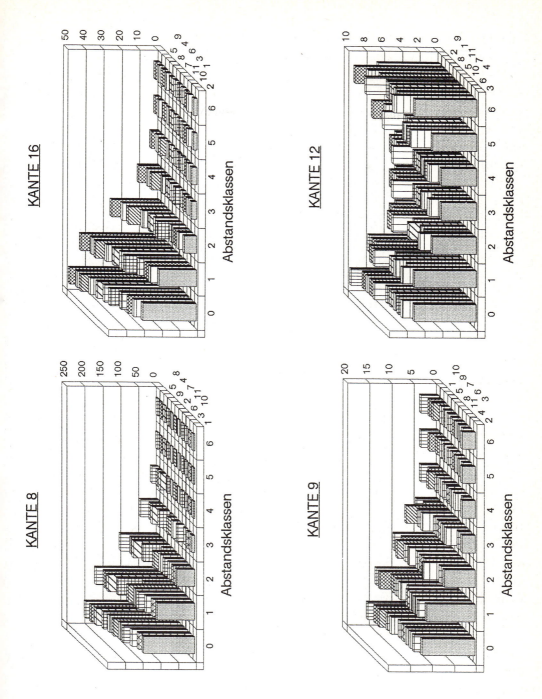

Bild 4.14: Mittlerer Gradient der Abstandsklassen 0 ... 6 für unterschiedliche Filterverfahren (Abstandsklassen mit Vierer-Nachbarschaft erzeugt)

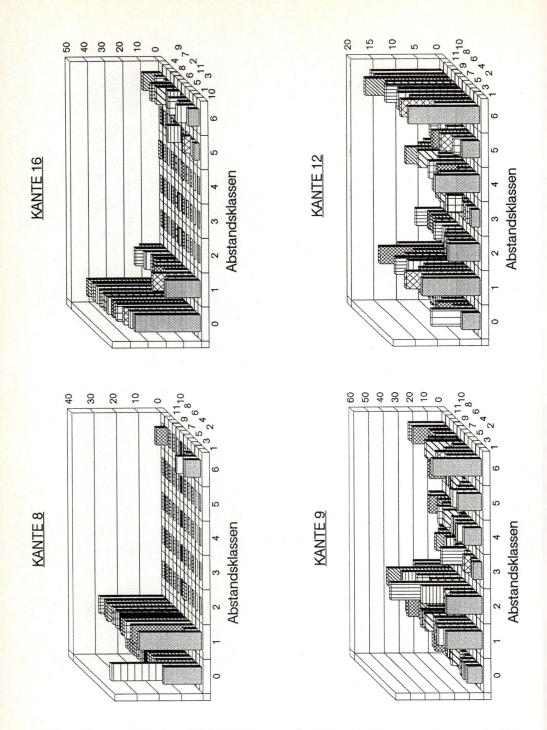

Bild 4.15: Zahl der Grat-Punkte der Abstandsklassen 0 ... 6 für unterschiedliche Filterverfahren

Bild 4.16: Mittlerer Grat-Wert der Abstandsklassen 0 ... 6 für unterschiedliche Filterverfahren

5 Methoden zur Kantenverdünnung, Kantenextraktion und Überführung in eine Datenstruktur

5.1 Methoden zur Verarbeitung von Gradientenbildern

In der Literatur finden sich zahlreiche Algorithmen zur Überführung der Ergebnisse von Kantenhervorhebungsalgorithmen in ein Binärbild, das ausschließlich Kanten enthält. Sie sind im wesentlichen in zwei Klassen einzuteilen:

o   Erste und einfachste Möglichkeit der Weiterverarbeitung ist das sofortige Überführen in ein Binärbild mittels globaler oder lokaler Schwelle. Einen Überblick über Verfahren und Schwellwertwahl bietet z.B. Weszka in /WESZ78/ und /WESZ79/, Literaturverweise und weitere Verfahren für Grauwertbilder sind auch in /PUN81/, /KAPU85/ und /KITT85/ zu finden.

Ein Nachteil der Schwellwertverfahren besteht darin, daß bei globaler Schwelle diese so zu bestimmen ist, daß möglichst keine durch Rauschen hervorgerufenen Punkte über der Schwelle liegen, was andererseits bedeutet, daß schwache Kanten unterdrückt werden.

Diese Verfahren zeigen daher dann die besten Ergebnisse, wenn zur Kantenhervorhebung Verfahren eingesetzt werden, die nicht den Kontrastunterschied der Kante, sondern das Vorhandensein einer Kante bewerten, wie z.B. das Verfahren nach Frei und Chen.

o   Zur zweiten Klasse gehören die Verfahren, die zusätzliche Merkmale ausnutzen, um die Ergebnisse lokal zu bewerten, und sie dann erst einer globalen oder lokalen Schwellwertbildung zuführen.

Ein Verfahren, das recht gute Ergebnisse zeigte, ist Robinsons "local adaptive threshold"-Verfahren (LAT) (/ROBI76/). Bei diesem Verfahren wird das Ergebnis der Kantenhervorhebung durch das Ergebnis der Tiefpaßfilterung des Originalbildes dividiert und dann einer globalen Schwelle zugeführt. Als Tiefpaßfilter schlägt Robinson eine gaußähnliche Maske vor:

$$\underline{M}_0 = \begin{vmatrix} 1 & 2 & 1 \\ 2 & 4 & 2 \\ 1 & 2 & 1 \end{vmatrix}$$

Dieses Verfahren eliminiert sehr gut Rauschpunkte, die bei einer globalen Schwellwertbildung häufig entstehen, zugunsten einer größeren Erkennbarkeit von Bilddetails, wie in /ROBI76/ (Bild 6) gezeigt.

Während Robinson nur mit der LAT als einziger Schwelle arbeitet, zeigt Bild 5.1 b) das Ergebnis von eigenen Experimenten mit globaler Schwelle, der die lokale adaptive Schwelle unterlagert war. Das erste Bild stellt das Filterergebnis des Robinson-Operators nach einer globalen Schwelle s=12 dar, während das zweite Bild mit einer LAT von 0,2 bei gleichem Filter und zusätzlicher globaler Schwelle entstand.

a) b)

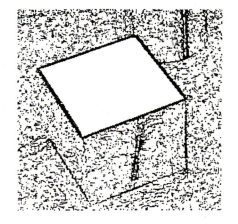 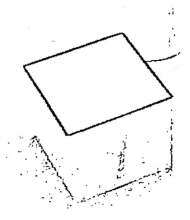

Bild 5.1: Anwendung von Schwellwertverfahren nach der Kantenhervorhebung (hier mit Robinson-Operator)
    a) nur globale Schwelle s=12
    b) LAT-Verfahren mit LAT=0,2 und globale Schwelle s=12

Die Stellung des LAT-Verfahrens ist zwischen dem reinen Gradientenverfahren und dem Verfahren von Frei und Chen anzusiedeln, da hier die Division nicht durch den Betrag des unter dem Fenster liegenden Bildvektors ($\underline{G}*\underline{G}$) erfolgt, sondern durch die Faltung eines konstanten Vektors mit dem Bildvektor.

Das Nennerprodukt $\underline{G}*\underline{M}_0 = |\underline{G}|\cdot|\underline{M}_0|\cdot\cos\alpha$ ist sowohl proportional dem Betrag des Bildvektors als auch dem Winkel zwischen Bildvektor und Tiefpaßvektor. Dies bedeutet aber, daß der Divisor mit zunehmender Abweichung des Bildvektors vom Tiefpaßvektor, also einer (relativ) homogenen Fläche, kleiner wird und so das Ergebnis des LAT-Verfahrens größer.

Der gemeinsame Nachteil all dieser Verfahren liegt darin, daß nach der Schwellwertbildung die Kanten mit größtem Gradienten als breite Linien im Ergebnisbild erscheinen, abhängig von der Fensterbreite des Filters und der Form des Grauwertübergangs.

Deshalb müssen Verfahren zur Kantenverdünnung nachgeschaltet werden, die in der Regel in mehreren Bilddurchläufen iterativ die Kanten von außen nach innen um jeweils die Breite eines Bildpunktes abschälen. Beispiele sind die "Medial Axis Transform" von Pavlidis in /PAVL76/, weitere in /PAVL80/, /PAVL82/, /ARCE81/, /SHAN82/, /TSAO81/ und ein interessanter syntaktischer Ansatz in /FAVR83/.

Eine weitere Möglichkeit, Störungen zu unterdrücken, sind die von Zucker vorgeschlagenen Relaxationsverfahren (/ZUCK77/). Das Verfahren der lokalen Konnektivitätsüberprüfung (/ROBI77/) kann als ein solches Verfahren mit einer einzigen Iteration betrachtet werden.

Dieses Verfahren geht davon aus, daß sich benachbarte Punkte einer Kante auf einer Senkrechten zur Gradientenrichtung befinden und die Gradientenrichtungen benachbarter Kantenpunkte ähnliche Werte aufweisen müssen. Der Algorithmus übernimmt in einem 3x3-Fenster den Zentralpunkt nur, wenn die Kantenverlaufsrichtungen (senkrecht zum Gradienten!) der beiden Nachbarpunkte auf der Kante nur maximal um 45 Grad (+1 oder -1 im Freeman-Chain-Code) von der Richtung des Zentralpunktes abweichen. Die zulässigen Kantenrichtungen der Nachbarbildpunkte sind in Bild 5.2 dargestellt.

Experimente mit diesem und einem modifizierten Algorithmus ergaben eine weitgehende Unterdrückung von Störpunkten (/WIRT87/), so daß dieses Verfahren als Nachverarbeitungsschritt der Kantenhervorhebung Anwendung finden kann, zumal der Algorithmus recht einfach im seriellen Bilddatenstrom auszuführen ist.

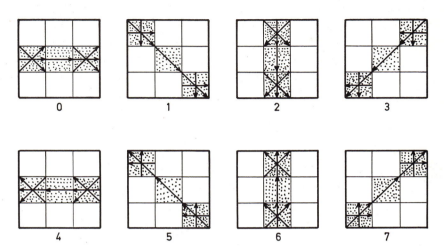

Bild 5.2: Zulässige Kantenrichtungen in Abhängigkeit von der Richtung des Zentralbildpunktes bei der lokalen Konnektivitätsüberprüfung nach /ROBI77/

5.2 Ein neues Verfahren zur Kantenverdünnung im Datenstrom

5.2.1 Algorithmus zur Kantenverdünnung

Da bei den oben vorgestellten Verfahren immer wieder die Nachteile der breiten Linien und der Störungen durch Rauschen nach einer wie auch immer gearteten Schwellwertbildung auftraten, wurde im Rahmen dieser Arbeit ein Verfahren entwickelt, das diese Nachteile dadurch weitgehend ausschaltet, daß es in umgekehrter Reihenfolge arbeitet: Erst nach Verdünnung aller Kanten wird eine Schwellwertoperation angewendet. Außerdem wurde beim Entwurf auf die Ausführbarkeit der Operationen im seriellen Bilddatenstrom Wert gelegt.

Das Verfahren extrahiert aus dem Datenstrom des Gradientenbildes der Szene alle lokalen Maxima senkrecht zum Verlauf einer Kante. Der Verlauf der Kante ergibt sich dabei aus dem Datenstrom des Richtungsbildes:

Verfahren: Übernehme einen Bildpunkt P des Gradientenbildes nur dann, wenn der Punkt ein Grauwertmaximum auf einer Geraden G der Länge 2b+1 Bildpunkte in Richtung der im Richtungsbild für diesen Bildpunkt eingetragenen Gradientenrichtung R(P) ist (Bild 5.3), ansonsten setze den Wert zu 0!

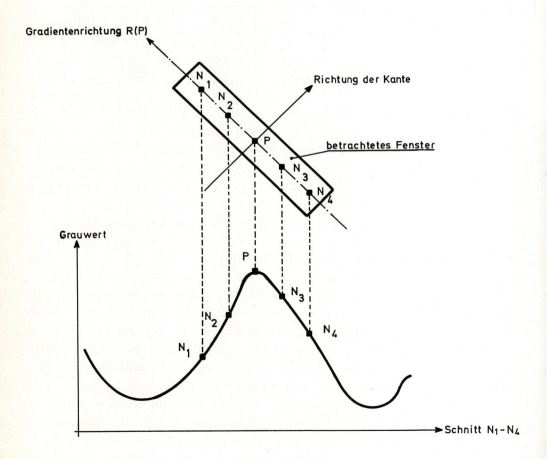

Bild 5.3: Verfahren zur Kantenverdünnung

Zur Veranschaulichung des Verfahrens kann man sich das Gradientenbild als ein Grauwertgebirge vorstellen, in dem der zur Intensität der Kante proportionale Grauwert die Berghöhe darstellt. Der Algorithmus extrahiert einen Punkt nur dann, wenn er ein lokales Maximum auf der Gradientenrichtung, d.h. der Richtung des stärksten Gefälles, ist. Da der Algorithmus also alle Bergrücken (Berggrate) des Gebirges extrahiert, wird das Ergebnisbild im folgenden auch als Gratbild bezeichnet.

In Bild 5.4 sind das binarisierte Gradientenbild (a) einer Szene nach Anwendung des Robinson-Operators, das zugehörige Richtungsbild (b) als Vektordarstellung, das "Gradientengebirge" in pseudo-dreidimensionaler Darstellung (c) und das Ergebnis des Grat-Operators (d) abgebildet.

Untersuchungen bestätigten, daß die Gradientenrichtungen von Kanten auch in einem Bereich um die Kante (abhängig von der Breite der Filtermaske) noch sehr stabil bleiben, worin u.a. eine Motivation beim Entwurf des Algorithmus lag. In der Vektordarstellung des Richtungsbildes ist dies ebenfalls zu erkennen.

Im Gradientenbild kann ein Plateau gleichen Grauwertes auftreten, bedingt durch ungünstige Wichtung der Filtermasken und daraus resultierender Grauwertbegrenzung oder bei einer breiten, allerdings sehr selten auftretenden, rampenförmigen Kante.

Daher wurde der Algorithmus dahingehend modifiziert, daß, neben einem echten Maximum, auch dann eine Übernahme des Punktes erfolgt, wenn er in der Mitte eines Streifens gleicher maximaler Helligkeit liegt. Bei einer geraden Anzahl N von Punkten wurde der Punkt mit der Nummer (N/2)+1 gewählt.

Schließlich besteht noch die Möglichkeit, den Wert nur dann zu übernehmen, wenn er eine Schwelle überschreitet, um ein Rauschen unter diesem Pegel nicht zu berücksichtigen.

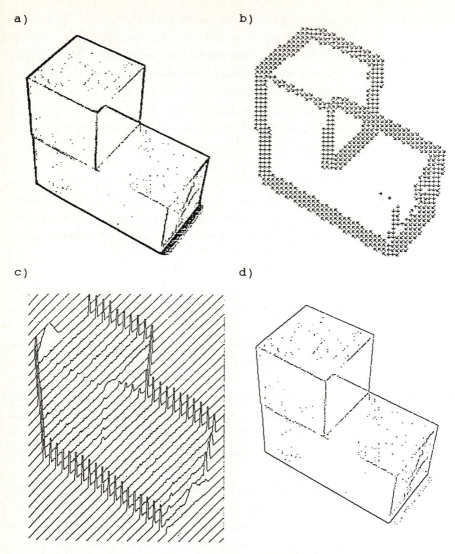

Bild 5.4: Beispiel der Kantenverdünnung
 a) binarisiertes Gradientenbild einer Szene nach Robinson-Operator
 b) Vektordarstellung des Richtungsbildes
 c) pseudo-dreidimensionale Darstellung des Gradienten
 d) verdünntes Gradientenbild (Gratbild)

5.2.2 Vorschlag einer Hardware-Realisierung

Im folgenden wird ein Vorschlag für die Realisierung des Kantenverdünnungsoperators gemacht und dabei gezeigt, daß der Algorithmus im seriellen Bilddatenstrom realisierbar ist.

Zunächst ist mittels einer Verzögerungsschaltung ein Fenster des Gradientenbildes mit der Kantenlänge 2b+1 bereitzustellen. Für ein Bild der Zeilenlänge n und die Kantenlänge 3 (b=1) ist dies in Bild 5.5 gezeigt.

Die zusätzlich benötigte Gradientenrichtung des Zentralbildpunktes wird mittels eines Schieberegisters (Länge: n+b+1) bereitgestellt.

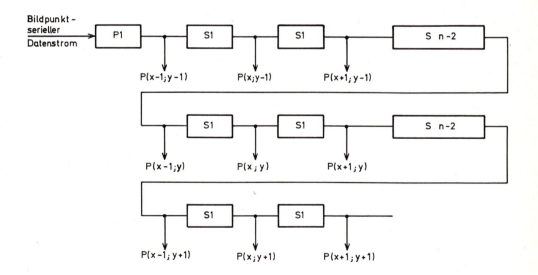

Bild 5.5: Verzögerungsschaltung zur Bereitstellung eines Bildausschnittes der Größe 3x3 Bildpunkte
Sn = Schieberegister der Wortlänge n
P1 = Eingangspuffer

Dann erfolgt eine Aufteilung der Bildpunkte des Fensters, abhängig von der Gradientenrichtung, auf 2b+1 Gruppen U(i), O(i) und M mit i={1..b} mittels Registern derart, daß die auf der Gradientenrichtung liegenden Bildpunkte durchgeschaltet werden. Für die Fenstergrößen 3x3 und 5x5 (b=1 und b=2) ist in Bild 5.6 gezeigt, welche Bildpunkte in Abhängigkeit von der Gradientenrichtung - angedeutet durch Pfeile im Zentralbildpunkt - auf die Gruppen zu schalten sind. Dort ist ebenfalls die eindeutige Zuordnung der Bildpunkte zu jeweils nur einer Gruppe zu erkennen.

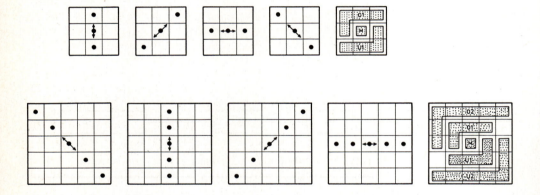

Bild 5.6: Zuordnung der Bildpunkte zu den Gruppen

Diese Gruppen werden nun 2b Vergleichern zugeführt. Sie generieren die Signale für ein Entscheidungsnetzwerk, das den Grauwert des Gradientenbildes oder den Wert 0 als Bildpunkt des Gratbildes weiterleitet.

In Bild 5.7 sind die Beschaltung der Vergleicher und die erzeugten Signale für den Fall b=2 dargestellt.

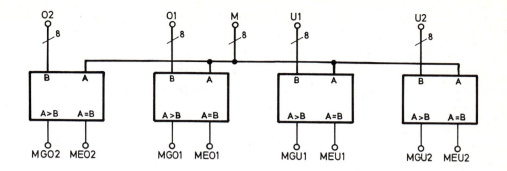

Bild 5.7: Beschaltung der Vergleicher (für b=2)

Das Entscheidungsnetzwerk erzeugt das Signal TAKE_M zur Übernahme des Gradientenwertes, falls für b=2 folgende Bedingung erfüllt ist:

$$\begin{aligned}
\text{TAKE\_M} = \ & \text{MGO2} \cdot \text{MGO1} \cdot \text{MGU1} \cdot \text{MGU2} & \text{(Mitte ist Maximum)} \\
+ \ & \text{MGO2} \cdot \text{MEO1} \cdot \text{MEU1} \cdot \text{MGU2} & \text{(Plateau der Breite 3)} \\
+ \ & \text{MEO2} \cdot \text{MEO1} \cdot \text{MEU1} \cdot \text{MEU2} & \text{(Plateau der Breite 5)} \\
+ \ & \text{MGO2} \cdot \text{MEO1} \cdot \text{MGU1} \cdot \text{MGU2} & \text{(Plateau der Breite 2)} \\
+ \ & \text{MEO2} \cdot \text{MEO1} \cdot \text{MEU1} \cdot \text{MGU2} & \text{(Plateau der Breite 4)}
\end{aligned}$$

Hierbei gilt zu beachten, daß Mehrfachpunkte auftreten können bei Plateaus der Breite 4 und mehr Bildpunkte. In Realbildern tritt dieses Verhalten allerdings nur dann auf, wenn eine falsche Wichtung der Filtermasken vorliegt und der Filter deshalb übersteuert.

5.3 Extraktion der dominierenden Kanten

Dieses Kapitel beschreibt ein Verfahren zur Extraktion der dominierenden, d.h. stärksten Kanten des Gratbildes sowie ein schnelles Umcodierungsverfahren, das gleichzeitig eine Klassifizierung der Punkte der Kanten erlaubt. Dadurch wird es möglich, sehr schnell und ohne ein Kantenverfolgungsverfahren schon sowohl die dominierenden Kanten der Szene für eine übergeordnete Weiterverarbeitung als auch Startpunkte für eine weitere Verfolgung der Linien in Form einer Tabelle zur Verfügung zu stellen.

5.3.1 Bestimmung der dominierenden Kanten

Die dominierenden Kanten, d. h. die Kanten mit dem stärksten Kontrast, treten in aller Regel bei Außenkonturen von Objekten, also als Konturen zwischen Objekt und Hintergrund, oder zwischen Objekten mit unterschiedlichem Reflektionsverhalten auf. Dazu kommen noch innere Kanten, die, bedingt durch unterschiedliche Neigungswinkel der angrenzenden Flächen bezüglich der Lichtquellen, einen hohen Gradientenwert haben.

Versuche ergaben, daß die dominierenden Kanten des Gratbildes einen relativ großen Abstand im Grauwert bezüglich der übrigen Kanten aufweisen, daher sind sie durch eine globale Schwellwertoperation im seriellen Bildpunktdatenstrom zu extrahieren.

Die Schwelle kann entweder fest eingestellt oder dynamisch nachgeregelt werden anhand der Gesamtzahl der Punkte der extrahierten Kanten, wobei sich letzteres Verfahren in den meisten Szenen als günstiger erwiesen hat.

Erforderlich sind also entweder eine Schwelle oder eine Anzahl der erwarteten Punkte der dominierenden Kanten. Verfahren zur Wahl dieser Parameter können sein:

o   automatisches oder interaktives Ermitteln der Parameter in einem Lernverfahren
o   Berechnung der Länge der in der Szene zu erwartenden Außenkonturen
o   Schätzen und dynamisches Nachregeln der Parameter

Ein dynamisches Nachregeln der Parameter ist möglich, weil eine zu hohe Einstellung der Schwelle nur wenige zusammenhängende Linien liefert (Bild 5.8 a,b), während eine zu niedrige Schwelle zu den in der Regel relativ langen, dominierenden Kanten eine überproportional ansteigende Zahl von kurzen Linien ergibt (Bild 5.8.e,f). Daß sich die Schwelle nach oben recht unkritisch erweist, zeigen die Bilder 5.8 a) und b). Selbst bei einer sehr hohen Schwelle (Bild 5.8 a) bleiben die Außenkonturen noch weitgehend erhalten.

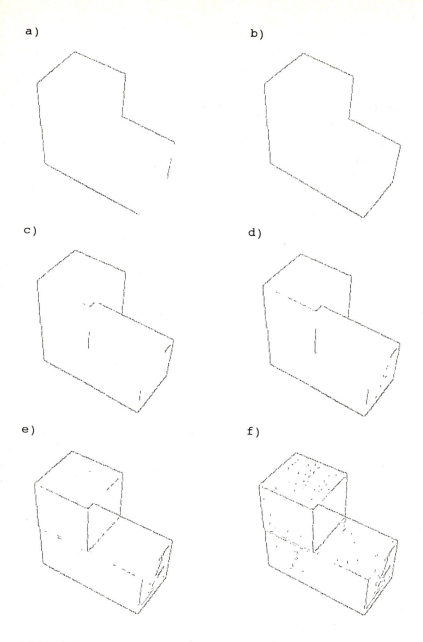

Bild 5.8: Beispiele zur Schwellwertwahl bei der Extraktion der dominierenden Kanten:
  zu hoch   : a) s=150, b) s=100
  sinnvoll   : c) s=40,   d) s=30
  zu niedrig : e) s=20,   f) s=15

Dieses Verhalten ist aus den Diagrammen in Bild 5.9 zu erklären, wo für drei unterschiedliche Aufnahmen nach einem normierten Robinson- (a) bzw. einem 7x7-Gradientenfilter (b) die Zahl der Linienendpunkte über der Binarisierungsschwelle abgetragen ist. Hier fällt im unteren Schwellwertbereich ein steiler Abfall der Endpunktzahl auf, verursacht von Bildstörungen. Der darauffolgende leichte Anstieg wird von den schwächeren Kanten hervorgerufen. Im dann folgenden, relativ homogenen mittleren Bereich ändert sich die Zahl der Linien nicht, da hier nur noch dominierende Kanten diesen Schwellwert überschreiten. Der deutliche Anstieg im oberen Schwellwertbereich ist bedingt durch Unterbrechungen der dominierenden Kanten des Bildes, da in diesem Schwellwertbereich nicht mehr alle Punkte der dominierenden Kanten den Wert überschreiten und diese dadurch unterbrochen werden, was eine Erhöhung der Linienendpunkte zur Folge hat. Der prinzipielle Verlauf der Kurve ist selbst in recht stark verrauschten Aufnahmen mit ungünstiger Beleuchtung noch zu erkennen (gestrichelte Kurven).

a)   b)

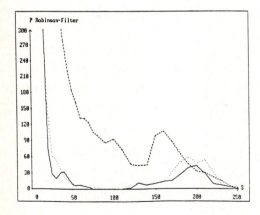 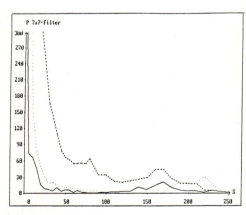

Bild 5.9:   Zahl der Linienendpunkte P in Abhängigkeit von der Binarisierungsschwelle S
                a) Robinson-Filter
                b) 7x7-Filter (ftgrad7x7)
                   —— typische Szene (in Bild 5.8 dargestellt)
                   ----- Szene mit ungünstiger Beleuchtung (verrauscht, kleiner Kontrast)

5.3.2 Umcodierung des Bildes und Erzeugung einer Datenstruktur

Die Punkte eines binarisierten Gratbildes lassen sich in vier Klassen einteilen (Bild 5.10):

- Typ I: Isolierte Punkte ohne Nachbarn
- Typ E: Endpunkte von Linien mit nur einem Nachbarn
- Typ L: Linienpunkte
- Typ V: Verzweigungen, in denen sich mehr als zwei Linien treffen

Für eine Weiterverarbeitung des Bildes erscheinen alle begrenzenden Punkte einer Linie interessant, also der Typ V, da hier mehrere Linien zusammentreffen, und der Typ E als Anfangs- oder Endpunkt einer Linie. Weiterhin ist der Typ I zu untersuchen, da dieser Punkt entweder als isolierter Punkt durch eine Störung entstand und entfernt werden muß oder als lokales Maximum einer Linie als Startpunkt einer weiteren Verfolgung dienen kann. Welcher dieser beiden Fälle eher vorliegt, hängt von der Wahl der auf das Gratbild angewendeten Binarisierungsschwelle ab. Ist diese sehr hoch gewählt, sind die isolierten Punkte lokale Maxima von Linien, ansonsten mit hoher Wahrscheinlichkeit Störungen.

Es gilt also nun, die Punkte vom Typ I, E und V möglichst schnell in eine geeignete Datenstruktur abzulegen. Dazu werden im seriellen Datenstrom das binarisierte Gratbild umcodiert, gleichzeitig die Punkte klassifiziert und die Datenstruktur angelegt.

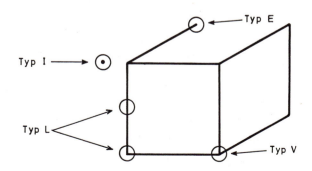

Bild 5.10: Einteilung der Punkte in vier Klassen

Zur Erläuterung des Verfahrens erfolgt zunächst eine Betrachtung aller möglichen Konstellationen von Bildpunkten, die sich in einem 3x3-Fenster eines Binärbildes ergeben:

Von den 2^9 möglichen Anordnungen erscheinen nur die relevant, bei denen auch der Zentralbildpunkt gesetzt ist, da nur dann die Zuordnung zu einem der oben genannten Typen erfolgen kann. Von den noch verbleibenden 256 (= 2^8) Anordnungen können in einem Gratbild noch die in Bild 5.11 gezeigten Anordnungen auftreten.

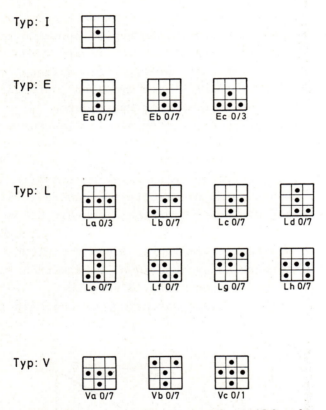

Bild 5.11: Mögliche Konstellationen der Bildpunkte

Bei der Bezeichnung der Maske (z.B. Ea0) bedeutet der Großbuchstabe den Typ, der zweite Buchstabe die Kennzeichnung der Anordnung und die Ziffer die Orientierung der Maske. In Bild 5.11 wurde jeweils nur die Orientierung "0" gezeichnet und nach dem Schrägstrich die mögliche Zahl der Rotationen angegeben. Der Winkel, um den jeweils rotiert werden muß, beträgt 45 Grad für 0/7 bzw. 0/1 und 90 Grad für 0/3. Zu beachten gilt auch, daß sich mehr Formen von Linien hinter diesen Masken verbergen, als auf den ersten Blick angenommen, da bei Rotationen um 45 Grad die bei der Orientierung "0" gezeigte Form der Linie nicht erhalten bleibt (z.B. Lg0/7 oder Ld0/7).

Das Umcodieren des Bildes geschieht nun derart, daß zuerst die Information über die 3x3-Umgebung jedes Bildpunktes des binarisierten Gratbildes mittels einer Schieberegisteranordnung, ähnlich der in Bild 5.5 gezeigten, bereitgestellt wird, wobei hier die Schieberegister nur die Wortbreite eines Bits haben. Die Bits der Umgebungspunkte werden zu einem Byte zusammengefaßt und adressieren eine Transformationstabelle der Größe 256 Worte zu je 16 Bits (Bild 5.12). Eine Freigabe der Transformation erfolgt nur bei gesetztem Zentralbildpunkt (TE = 1), ansonsten nimmt der Ausgang den Wert 0 an.

Der Ausgang der Tabelle, deren Inhalt sich aus den in Bild 5.11 gezeigten Anordnungen ergibt, stellt in acht Bits jeweils einen Bildpunkt des umcodierten Bildes bereit und liefert in den übrigen acht Bits Zusatzinformationen für zwei Listen L1 und L2 der markanten Punkte.

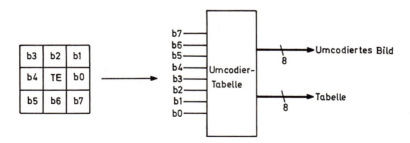

Bild 5.12: Transformation der Umgebungspunkte jedes Bildpunktes

In jedem Byte des umcodierten Bildes, im folgenden als Kantenbild bezeichnet, sind in jeweils drei Bits die Richtungen vom Zentralbildpunkt zum ersten und zweiten Nachbarbildpunkt der Linie, wenn dieser existiert, im Freeman-Chain-Code (/FREE61/) abgelegt (Bild 5.13). Bit 6 ist gesetzt, wenn der Bildpunkt genau zwei Nachbarn aufweist, es sich also um einen Linienpunkt vom Typ L handelt,

Bit 7 ist gesetzt, wenn der Punkt in eine Tabelle aufgenommen werden muß. Somit kann mit den beiden Bits folgende Klasseneinteilung erfolgen:

Bit 7 6	Klassifizierung des Bildpunktes im umcodierten Bild
0 0	kein Linienpunkt
0 1	Linienpunkt Typ L
1 0	Linienpunkt Typ I, E, V; in Liste L1
1 1	Linienpunkt Typ L in Liste L2

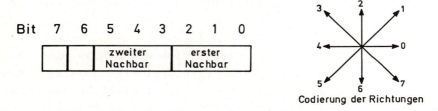

Bild 5.13: Inhalt des Bildpunktes im umcodierten Bild

In der sequentiellen Liste L1 sind alle Punkte vom Typ I, E und V abgelegt. Die Elemente dieser Liste (Bild 5.14) beinhalten die jeweiligen x- und y-Koordinaten des Bildpunktes, die mittels zweier Zähler generiert werden können, und ein weiteres Byte, das von der Umcodier-Tabelle bereitgestellt wird.

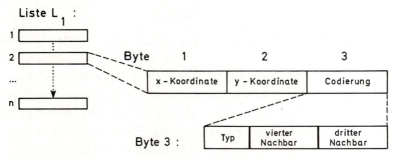

Bild 5.14: Aufbau der Liste L1

In diesem Byte sind in jeweils drei Bit die Richtung des dritten und vierten Nachbarn abgelegt, falls es sich um einen Punkt des Typs V handelt, in den beiden höchsten Bits ist der Typ des Punktes codiert:

Bit 7 6	Codierung des Linien-Typs in Liste L1
0 0	Linienpunkt Typ I (isolierter Punkt)
0 1	Linienpunkt Typ E (Endpunkt)
1 0	Linienpunkt Typ V mit drei Nachbarn
1 1	Linienpunkt Typ V mit vier Nachbarn

Die Liste L2 beinhaltet Linienpunkte vom Typ L von geschlossenen Konturen. Die Erzeugung dieser Liste ist deshalb notwendig, weil in Liste L1 nur Punkte des Typs I, E und V abgelegt werden. Existiert aber nun in der Szene eine geschlossene Kontur ohne Verzweigung, so findet sich in der Liste L1 kein Punkt dieser Kontur, d.h. diese Linie würde nicht in eine Datenstruktur überführt. Daher erfolgt in der sequentiellen Liste L2 (Bild 5.15) die Ablage der x- und y-Koordinaten weiterer Startpunkte zur Verfolgung von potentiell geschlossenen Konturen.

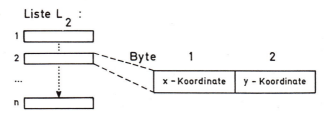

Bild 5.15: Aufbau der Liste L2

Dies geschieht derart, daß man beim zeilenweisen sequentiellen Umcodieren des Binärbildes den jeweils ersten Punkt aller Linien vom Typ L, also jeweils den am weitesten oben links liegenden, in die Liste L2 schreibt.

Bei gesetztem Zentralbildpunkt (TE = 1) werden dazu alle bisher noch nicht betrachteten Bildpunkte des 3x3-Fensters, die in Bild 5.16 gekennzeichnet sind, als "schon erfaßt" markiert. Dies geschieht in einer zusätzlichen Schieberegisteranordnung der Gesamtlänge N_x + 1, wobei die ersten drei Bits und das letzte Bit der Anordnung einen Setzeingang aufweisen müssen, um die Markierung durchzuführen.

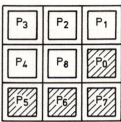

Bild 5.16: Zu markierende Bildpunkte des Fensters ▨

Die Koordinaten eines Bildpunktes werden nur dann in die Liste L2 eingetragen und gleichzeitig das Bit 7 des Kantenbildes gesetzt, wenn der entsprechende Bildpunkt im Binärbild gesetzt (TE = 1) <u>und</u> er noch nicht markiert (Ausgang der Schieberegisteranordnung = 0) <u>und</u> vom Typ L (Bit 6 des Tabellenausganges) ist.

5.4 Aufbau einer Datenstruktur für die symbolische Weiterverarbeitung

Die bisher vorgestellte, ikonische Darstellung des Linienbildes in Form eines zweidimensionalen Feldes erweist sich für die symbolische Weiterverarbeitung der Szene als denkbar ungeeignet und zudem recht speicherintensiv. Sind beispielsweise alle Nachbarn eines Punktes der Liste L1 gesucht, zu denen die von diesem ausgehenden Linien führen, so müssen diese Wege im Kantenbild jeweils verfolgt werden.

Durch die Entwicklung der im folgenden beschriebenen Datenstruktur wird es ermöglicht, alle Kanten der Szene zusammen mit Attributen zu speichern und auf diese über geeignete Strukturen zuzugreifen. Die an die Datenstruktur gestellten Anforderungen sind dabei:

o geringer Speicheraufwand
o hierarchische Gliederung der Daten
o einfacher und effizienter Zugriff auf die Daten
o leichte Erweiterbarkeit der Datenstruktur

5.4.1 Beschreibung der Datenstruktur

Die Vereinigungsmenge der Punkte der Listen L1 und L2 wird im folgenden als Knoten bezeichnet, die durch Kanten, weiterhin als Wege bezeichnet, miteinander verbunden sein können.

Als Basis der Datenstruktur (Bild 5.17) dient die Knotentabelle, ein Feld von Zeigern auf die Datenstruktur KNOTEN. Die Dimension des Feldes muß größer als die maximale Zahl von Knoten sein, die aktuelle Länge des Feldes wird in der Variablen "Länge" festgehalten.

Die Datenstruktur KNOTEN beschreibt jeweils einen Knoten mit der Nummer NR des Eintrages in der Knotentabelle, der Lage im Bild durch die Bildkoordinaten und die Zahl der abgehenden bzw. ankommenden Wege. Für jeden der in die acht möglichen Richtungen abgehenden Wege, numeriert nach Freeman (Bild 5.13), existiert in einem weiteren Feld ein Eintrag für den Zeiger mit der entsprechenden Wegbeschreibung, der mit NIL vorbesetzt ist, wenn dieser Weg nicht existiert.

Zur Beschreibung eines Weges dient die Datenstruktur WEG, die zunächst die Nummer des dazugehörigen Knotenpunktes enthält. Dann folgt die Nummer des Zielknotens (NR_Ziel) des Weges, die Richtung RI als Weg-Nummer, unter der dieser Weg dort abgelegt ist, und somit auch die Freeman-Richtung, unter der dieser Weg dort abgeht, sowie die Differenzen in x- und y-Richtung, die der Weg nach diesem Knoten zurücklegt. Es folgen Wegattribute, beispielsweise ein Konfidenzmaß (Konf), das von der übergeordneten Verarbeitung erhöht wird, wenn die Linie einem Objekt zugeordnet werden kann, weiterhin der mittlere Grauwert des Gradientenbildes längs des Weges (Gradwert) als Aussage über die Intensität des Weges im Gradientenbild, die mittlere Abweichung von der Geraden sowie Aussagen über den Krümmungsverlauf des Weges, die im nächsten Kapitel eingehend beschrieben werden.

An der dann folgenden Art der Speicherung des Weges (Weg_Typ) sollen beispielhaft einige Vorteile der Datenstruktur für die nachfolgende Verarbeitung gezeigt werden. Diese Variable hat zunächst den Wert "Nicht_bearbeitet", der Weg liegt also bisher nur als ikonische Datenstruktur im Kantenbild vor und wurde bisher noch nicht betrachtet; es wurden also bisher auch noch keine Wegattribute bestimmt.

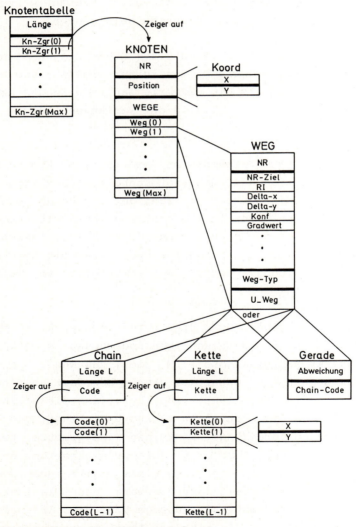

Bild 5.17: Aufbau der Datenstruktur

Ein weiterer Wert ist "Ablage_in_Ziel". Dies bedeutet, daß der Weg vom Zielknoten her bearbeitet und dort abgelegt wurde. So ist sichergestellt, daß alle Operationen auf der Datenstruktur nur einmal auszuführen sind.

Als Weg-Typen sind Chain, Kette, Gerade und Polygonzug implementiert, weitere Typen könnten z.B. Kreisausschnitt, Kreis und Ellipse sein. Bei der Ablage des Weges als Typ Chain ist der Wegverlauf als Folge der Richtungen im Freeman-Chain-Code (FCC) abgelegt, die jeweils zwischen benachbarten Punkten zurückgelegt werden, während beim Kettencode nur die Differenzkoordinaten zwischen benachbarten Knickpunkten abgespeichert werden (Bild 5.18), was eine Datenreduktion bezüglich des FCC bei stückweise linearem Verlauf der Kante bedeutet. Der Kettencode eignet sich ebenfalls, um durch Polygonzüge genäherte Wege abzulegen.

Bild 5.18: Beispiel zur Beschreibung eines Weges
Freeman FCC : 1, 1, 1, 0, 0, 0, 0, 0, 0, 6, 6, 6
Kettencode : (3,3), (6,0), (0,-3)

Schließlich sei noch darauf hingewiesen, daß diese Datenstruktur aus den im Abschnitt 5.3 vorgestellten Daten der Listen L1 und L2 sowie dem umcodierten Bild sehr effizient zu erzeugen ist.

Dazu wird zunächst die Liste L1 sequentiell abgearbeitet, für jeden Knoten dieser Liste die Datenstruktur erzeugt und ein Verweis auf den Knoten in der Knotentabelle abgelegt. Dabei sind die Koordinaten des Knotens und die Anzahl der Wege direkt der Liste L1, die entsprechenden WEG-Nummern dem umcodierten Bild bzw. der Liste L1 bei mehr als zwei Wegen zu entnehmen. Der Chain-Code des Weges ist dem umcodierten Bild so lange sukzessiv zu entnehmen, bis ein weiterer Knoten erreicht wird (Bit 7 gesetzt), und dabei sind die entsprechenden Bildpunkte durch Rücksetzen des Bits 6 als schon zu einem Weg gehörend zu markieren. Da jeder Bildpunkt sowohl die Richtung zum vorherigen als auch zum nachfolgenden Wegpunkt beinhaltet, können der Chain-Code mit einer Maske aus dem Inhalt des Bildpunktes extrahiert und gleichzeitig mit diesem Code auch die Adresse des Nachfolgepunktes durch Inkrementieren bzw. Dekrementieren der Zeilen- und Spaltenadresse bestimmt werden.

Anschließend erfolgt eine sequentielle Überprüfung der Liste L2, ob die entsprechenden Bildpunkte schon bearbeitet und damit Element eines Weges sind (Bit 6 = 0), ansonsten wird auch für diese Punkte, wie oben beschrieben, die Datenstruktur angelegt.

5.4.2 Operationen auf der Datenstruktur

Zur Unterstützung dieser Datenstruktur entstand eine Bibliothek von Funktionen, die mit dieser Datenstruktur arbeiten. Diese umfassen zunächst Funktionen, um die Datenstruktur aufzubauen und zu verwalten:

- o Funktionen zum Anlegen, Löschen und Aktualisieren von Elementen der Datenstruktur
- o Funktionen zur Erzeugung der Datenstruktur aus der Knotentabelle und dem Kantenbild
- o Funktionen zum Ablegen der Datenstruktur auf einer Datei
- o Funktionen zur Erzeugung der Datenstruktur aus diesem File zur Weiterverarbeitung dieser Daten

Um ein interaktives Arbeiten mit der Datenstruktur zu ermöglichen, bestehen folgende Funktionsgruppen:

- o Anzeigen der gesamten Datenstruktur oder einer Teilmenge auf dem Datensichtgerät
- o Umwandlung der gesamten Datenstruktur oder einer Teilmenge in ein Bild und Anzeigen dieses Bildes auf der Bildausgabe (z.B. Ausgabe aller Knoten mit oder ohne Knotennummer)

    o   Interaktive Eingabefunktionen, um die Datenstruktur für die Entwicklung von Algorithmen geeignet zu manipulieren

Um einige Möglichkeiten der symbolischen Weiterverarbeitung der Datenstruktur aufzuzeigen, wurden folgende Funktionen implementiert:

    o   Erkennen bzw. Entfernen von Wegen, die in einem isolierten Knoten enden und eine kürzere als die angegebene Länge haben

    o   Erkennen bzw. Entfernen von ringförmigen Wegen mit kleinerer als der vorgegebenen Länge

    o   Funktionen zur Geradenerkennung

Ringförmige und kurze Wege können bei der Verfolgung sehr schwacher Kanten entstehen, die meist als Grenzen von Schatten oder Texturen (Lichtreflexion, Rostansätze...) der Objekte vorliegen. Die Wahl der Parameter zur Kantenverfolgung geschah in Bild 5.19 bewußt so, daß das Wirken der Funktionen anhand des Bildes verdeutlicht werden kann.

Eine Erkennung von Primitiven, wie Geraden und Kreisausschnitten, erscheint aus zwei Gründen sinnvoll: Einerseits ist sie eine für die symbolische Weiterverarbeitung der Szene geeignete und notwendige Datenstruktur, andererseits stellt sie eine sehr kompakte Datenstruktur dar. Eine Gerade im Winkel von 26,5 Grad beispielsweise besteht aus einer der Bildpunktzahl der Geraden entsprechenden Anzahl von Chain-Codes (..., 0, 0, 2, 0, 0, 2, ...), die Zahl der Elemente im Kettencode reduziert sich nur um den Faktor 3, während die Beschreibung der Geraden nur den Start- und Endpunkt umfaßt.

a)

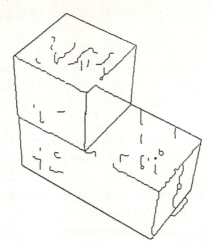

b) c)

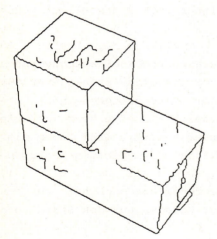 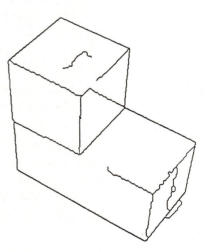

Bild 5.19: Entfernen von Elementen in der Datenstruktur
a) Ergebnis der Kantenverfolgung
b) ringförmige Wege entfernt
c) kurze Wege (<55 Bildpunkte) entfernt

Klassische Methoden der Geradenfindung, wie Methoden der kleinsten Fehlerquadrate (/STON61/, /GLAS62/, /CANT71/ oder /CONT72/), Chebycheff- (/RICE64/) oder nichtlineare Optimierungsmethoden (/FREE69/, /MONT70/), erwiesen sich als ungeeignet. Sie liefern weder die maximale Abweichung noch den Fehler jedes Punktes und beinhalten zudem die Anfangs- und Endpunkte der Geraden in der Regel nicht. Außerdem steigt die Rechenzeit mit quadratischer Ordnung zur Bildpunktzahl.

Einen unter diesen Gesichtspunkten besseren Algorithmus beschreiben Reumann und Witkam (/REUM74/) als "Strip-Algorithmus", der von linearer Ordnung und dessen maximaler Fehler vorzugeben ist. Der Algorithmus legt durch die beiden ersten Punkte einer Linie eine Referenzgerade und akzeptiert weitere Punkte der Linie als zu der Geraden gehörend, solange sie innerhalb eines vorgegebenen Abstandes d zur Geraden liegen (Bild 5.20). Ein Nachteil liegt allerdings darin, wie man diesem Bild entnehmen kann, daß die beiden ersten Punkte der Linie zur Bestimmung der Referenzgeraden herangezogen werden. Als Verbesserung des Algorithmus schlägt Roberge daher vor (/ROBE85/), als zweiten Punkt zur Festlegung der Geradenrichtung den ersten Punkt der Linie zu nehmen, der weiter als d vom Startpunkt entfernt ist. Hierdurch reduziert sich die Zahl der erzeugten Segmente, weil die Lage der Referenzgeraden bei gekrümmt von einem Startpunkt ausgehenden Linien günstiger gewählt wird.

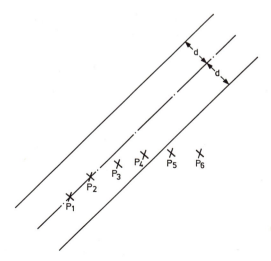

<u>Bild 5.20:</u>　Zum Algorithmus von Reumann

Da der Algorithmus von Reumann bei der hier vorliegenden Darstellungsform der Linien als Chain-Code recht effizient anzuwenden ist - der Abstand berechnet sich bei gegebener Startrichtung als Summe der Einzelabweichengen der Chain-Codes -, wurde er in vereinfachter Form in die Umwandlung von Chain-Code in Kettencode als einfacher Strip-Algorithmus (ESA) einbezogen. Mit Vorgabe eines kleinen Abstandes $d_{ESA} \in \{ 0...1 \}$ wird die Anzahl der Elemente des Kettencodes weiter reduziert.

Eigene Untersuchungen bestätigten die Aussage von Dunham (/DUNH86/) zum Vergleich verschiedener Geradenerkennungsalgorithmen hinsichtlich der Zahl der erzeugten Geradenstücke und der Rechenzeit, daß nämlich der Algorithmus von Roberge nahezu die doppelte Anzahl von Segmenten liefert wie der Algorithmus von Williams (/WILL78/). Daher wird der Algorithmus von Williams für die Geradenerkennung und die damit verbundene weitere Reduktion der Daten eingesetzt werden.

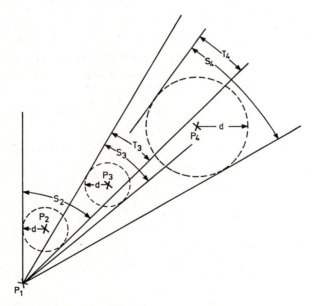

Bild 5.21: Zum Algorithmus von Williams

Dieser Algorithmus beginnt mit dem ersten Punkt der Linie und legt jeweils einen Kreis mit dem Abstand d um jeden weiteren Punkt (Bild 5.21). Die Tangenten dieses Kreises durch den Startpunkt bilden die Grenzen der Menge S_i aller Geraden durch den Startpunkt mit einem Abstand kleiner d vom jeweils betrachteten Punkt P_i. Beim Fortschreiten über weitere Punkte P_j der Linie bildet die Schnittmenge T_j aller bisher betrachteten Mengen S den Bereich, in dem noch weitere Punkte einer Geraden zulässig sind.

Einige Beispiele der Geradenerkennung sind in Bild 5.22 dargestellt. Ausgehend von einer Szene mit einfachen, zweidimensionalen Objekten, wurden die Kanten extrahiert und, wie bisher beschrieben, in eine Datenstruktur mit acht Knoten und P_{Chain} = 2823 Chain-Code-Elementen (Bild 5.22 a) überführt. Eine Umwandlung in Kettencode bei einem Abstand d_{ESA} = 1 Bildpunkt und die anschließende Geradenerkennung mit dem gleichen Wert für d_{WIL} ergeben das Bild 5.22 b), das die noch vorhandenen 136 Elemente des Kettencodes (P_{Kette}) als fortlaufende Numerierung der Eckpunkte enthält.

Eine Überblendung des Originalbildes mit der Geradenerkennung bei den Parametern d_{ESA} = 1 und dem bewußt hoch gewählten Wert d_{WIL} = 10 zeigt (Bild 5.22 c), daß der Algorithmus nach Williams bei schon vorliegenden Geraden (Sechseck und Raute) die Endpunkte dieser Geraden verschiebt, da die ersten Punkte der folgenden Linie noch innerhalb des zulässigen Abstandes liegen. Dieser Effekt läßt sich vermeiden, wenn vor der Anwendung des Algorithmus mit hohem Abstand zunächst eine Iteration mit kleinem Abstand ausgeführt wird, um vorhandene Geraden zu erkennen. Im Bild 5.22 d) ist dies gezeigt mit den Parametern d_{ESA} = 1, d_{WIL} = 1 und anschließender Iteration mit d_{WIL} = 10.

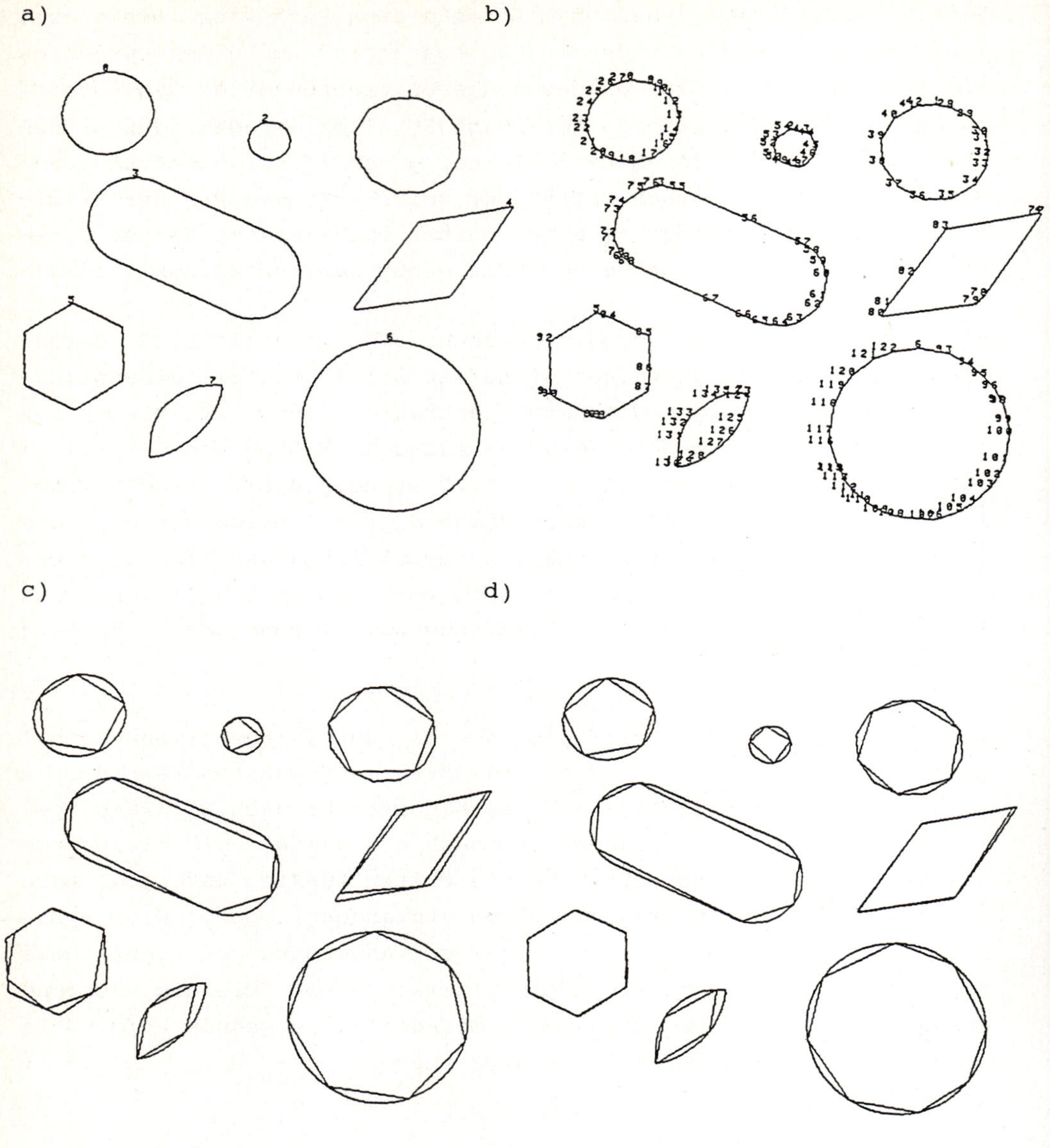

Bild 5.22: Beispiele zur Geradenerkennung:
Abbild der Datenstruktur
    a) nach Kantenverfolgung
    b) nach Geradenerkennung mit $d_{ESA} = 1$ und $d_{WIL} = 1$
    c) nach Geradenerkennung mit $d_{ESA} = 1$ und $d_{WIL} = 10$
    d) nach Geradenerkennung mit $d_{ESA} = 1$, $d_{WIL} = 1$ und weiterer Geradenerkennung mit $d_{WIL} = 10$

Die bei dieser Szene mögliche Datenreduktion der 2823 Punkte der Szene (P_{Chain}) bei Anwendung der Algorithmen und Überführung in den Kettencode (P_{Kette}) und die benötigte Rechenzeit des in der Sprache C auf einem 8Mhz Motorola 68000 Prozessor implementierten Algorithmus verdeutlicht Tabelle 5.1. Dabei fällt auf, daß bei Umwandlung in Kettencode ohne den einfachen Strip-Algorithmus (d_{ESA} = 0,1) die Gesamtrechenzeit zur Geradenerkennung wesentlich höher liegt.

P_{Chain}	d_{ESA}	P_{Kette}	d_{WIL}	P_{Kette}	Zeit [s]
2823	0,1	1557	5	54	3.4
2823	1	682	1	136	1.9
2823	1	682	1,5	98	1.8
2823	1	682	2	83	1.7
2823	1	682	5	56	1.7
2823	1	682	10	42	1.65
2823	1	682	20	30	1.6
2823	1	682	1	136	1.9
weitere Iteration:		136	5	61	+0.3
2823	1	682	2	83	1.7
weitere Iteration:		682	10	43	+0.3

Tabelle 5.1: Datenreduktion und Rechenzeit der Geradenerkennung

6 Verfahren zur Kantenverfolgung

Die vorangegangenen Kapitel dieser Arbeit beschreiben ein schnelles Verfahren zur Hervorhebung aller Kanten einer Szene und zur schnellen Überführung der relevantesten Bildinhalte, nämlich der dominierenden Kanten, in eine Datenstruktur, so daß die symbolische Ebene sofort erste Hypothesen über die Szeneninhalte generieren kann.

Allerdings genügen die bisher aus dem Bild extrahierten Informationen noch nicht, Hypothesen zu verifizieren oder gar Aussagen über die genaue Lage der Objekte in der Szene zu machen. Andererseits wird auch die in der Szene enthaltene Information durch die Binarisierung des Gratbildes und damit des Gradientenbildes zur Erzeugung der dominierenden Kanten drastisch gesenkt.

Bestand bisher das Ziel darin, möglichst schnell relevante Information zu generieren, so zielen die im folgenden betrachteten Verfahren darauf, möglichst eigenständig und parallel zur symbolischen Verarbeitung weitere Informationen in Form von schwächeren Kanten aus der Szene zu extrahieren, die zum Hypothesentest herangezogen werden. Andererseits ist das Verfahren umgekehrt auch geeignet, Hypothesen über im Bild vorhandene Kanten zu verifizieren, denn dem Verfahren können dynamisch von außen Startpunkte und Parameter für eine Liniensuche vorgegeben werden.

Eine Extraktion schwächerer Kanten ist allerdings nicht mehr mit Verfahren zur Binarisierung des Gratbildes zu realisieren, da die Grauwertinformation schwächerer Kanten oft den gleichen Wertebereich einnimmt wie einzelne Bildstörungen durch Rauschen oder Texturen von Oberflächen. Diese Verfahren müssen daher zusätzliche Informationen extrahieren durch flächenhafte Betrachtung der Umgebung jedes Bildpunktes unter Einbeziehung von Eigenschaften und Zusammenhangsrelationen der Punkte einer Kante mit dem Ziel,

o   Lücken in den bisher gefundenen Kanten zu erkennen und zu schließen,
o   weitere schwächere Kanten oder Teile dieser Kanten zu finden.

Geeignete Verfahren sind Algorithmen zur sequentiellen Kantenverfolgung, die - ausgehend von einem Punkt einer Kante als Startpunkt - sukzessive versuchen, weitere Punkte der Kante zu finden. Die Beurteilung, ob ein weiterer Punkt zur Kante gehört, kann sich einerseits auf Informationen im Bild (z. B. Gradienten) und andererseits auf a priori vorliegende Informationen, wie beispielsweise Informationen über die Form der zu extrahierenden Kante, stützen.

Ein Problem der Kantenverfolgung stellt die Wahl der Startpunkte für die Verfolgung dar, da diese im gesamten Bild zu suchen sind und andererseits das Ergebnis der Verfolgung auch von der Qualität der Startpunkte abhängt. Ein Vorteil des bisher vorgestellten Verfahrens ist die Tatsache, daß in der Liste L1 schon die Endpunkte der dominierenden Kanten vorliegen, so daß diese Kanten sofort weiterzuführen sind. Dadurch werden in der Regel schon die Lücken aller Außenkonturen gefunden und innere Konturen um wesentliche Teile verlängert. Im folgenden wird noch ein Verfahren zur Suche weiterer Startpunkte vorgestellt, das eine nach einem Gütemaß der Startpunkte geordnete Liste zur Verfügung stellt. Schließlich sind die Verfolgungsalgorithmen so ausgelegt, daß die symbolische Verarbeitung jederzeit weitere Startpunkte einbringen kann.

Ein recht einfaches Verfahren zur Kantenverfolgung wird in einer Arbeit von Abel und Wahl (/ABEL77/) vorgeschlagen. Dieses Verfahren, das auf der Basis eines Gradientenbildes arbeitet, benötigt als Startpunkte zwei benachbarte Punkte einer Kante. In einem iterativen Verfahren wird die Kante in jedem Schritt um einen Punkt P_i verlängert, wobei jeweils die drei nächsten 8-er Nachbarn des zuletzt gefundenen Punktes in die Betrachtung einbezogen werden, die in Richtung der kleinstmöglichen Abweichung zur Richtung des Chain-Codes zwischen P_{i-1} und P_i liegen. Der Nachbar mit dem höchsten Gradientenwert dient als nächster Punkt P_{i+1} der Kante.

Dieses Verfahren versagt allerdings dann, wenn lokale Bildstörungen vorliegen. Hier eignen sich Algorithmen, die solche Störungen überbrücken können, also vorausschauend arbeiten. Einen solchen Vorschlag, der allerdings nur eine Auswahl von möglichen Wegen betrachtet, macht Haberäcker in /HABE87/. In Abhängigkeit vom bisherigen Wegverlauf werden sogenannte Suchstrahlen bestimmt und der Suchstrahl mit der maximalen Gradientensumme als Weiterführung des Weges ausgewählt. In die Form der Suchstrahlen könnte A-Priori-Wissen über die Form des Weges (Gerade, Kreis) aufgenommen werden, allerdings betrachtet Haberäcker nur Geraden als Suchstrahlen.

Nachteile dieser Verfahren sind, daß sie nur das Gradientenbild berücksichtigen, der Weg sich aus Segmenten einer festen Weglänge zusammensetzt (bei Haberäcker Geradenstücke der Länge eines Suchstrahles), daß nur eine Auswahl der möglichen Wege getroffen wird und der Weg eine feste Form besitzt.

Es sind also Verfahren anzuwenden, die einerseits in der Lage sind, gegebenenfalls alle Wege, ausgehend von einem Startpunkt, in die Betrachtung mit einzubeziehen sowie weitere Bildinformationen und Wissen über den Kantenverlauf zu berücksichtigen. Andererseits sollte dieses Wissen nicht im Programm selbst, sondern als Parameter des Programmes einzubringen sein, um ohne Änderung des Programmes unterschiedliches Wissen einzubeziehen. Die Wegsuche unter diesen Randbedingungen stellt ein typisches Optimierungsproblem dar, das prinzipiell mit zwei Methoden gelöst werden kann, nämlich mit Methoden der dynamischen Programmierung oder mit Methoden der Graphentheorie.

Hier werden nur Methoden der Graphentheorie betrachtet, da jedes Optimierungsproblem, das mit Methoden der seriellen oder nichtseriellen dynamischen Programmierung gelöst werden kann, auch in ein Suchproblem in einem Graphen zu überführen ist. Dabei sind die Algorithmen der Graphentheorie überlegen, wenn heuristische Informationen mit in die Suche einbezogen werden können (/MART76/).

6.1 Graphentheoretische Grundlagen

Da die Graphentheorie eine Vielzahl von Begriffen und Definitionen geprägt hat, sich aber aufgrund der abstrakten Beschreibung realer Sachverhalte und Relationen je nach behandelter Problematik unterschiedliche mnemotechnische Bezeichnungen bzw. Formelzeichen für den gleichen Sachverhalt anbieten, erweist sich eine Begriffsabgrenzung der in dieser Arbeit verwendeten Bezeichnungen als notwendig.

Die folgende Auswahl von Definitionen wurde hauptsächlich den Werken von Kaufmann (/KAUF71/) und Dörfler/Mühlbacher (/DÖRF73/) entnommen, weitere ausführliche Zusammenstellungen der graphentheoretischen Grundlagen finden sich in /DOMS72 und NEUM75/.

Ein <u>Graph</u> $G = (V, R)$ besteht aus einer nichtleeren Menge $V = \{v_0, \ldots, v_n\}$ von Elementen ("<u>Knoten</u>") und einer Menge R von Informationen über unmittelbar existierende Relationen ("<u>Kanten</u>") $r=(x,y)$ zwischen Elementepaaren ($x \in V$, $y \in V$). Ist das jedem $r \in R$ zugewiesene Paar von Elementen nicht geordnet, so heißt G ein <u>ungerichteter Graph</u>, anderenfalls ist er ein <u>gerichteter Graph</u>, dessen Elemente man als <u>Pfeile</u> bezeichnet.

Die einer Kante zugeordneten ("adjazenten") Knoten heißen <u>Endknoten</u> der Kante, die Kante selbst ist <u>inzident</u> mit ihren Endknoten.

Pfeile eines gerichteten Graphen, die denselben Anfangs- und Endknoten haben, heißen <u>parallel</u>. Sind Anfangs- und Endknoten einer Kante oder eines Pfeiles identisch, so bezeichnet man diese als <u>Schlinge</u>. Hat ein Graph weder parallele Kanten noch Schlingen, so bezeichnet man ihn als <u>schlicht</u>.

Ein endlicher (die Mengen V und R sind endlich), schlichter, gerichteter Graph heißt <u>Digraph</u> (von engl.: directed graph).

Es sei m := |V| die Zahl der Knoten des Graphen (Mächtigkeit) und n := |R| die Zahl der Kanten eines Graphen bzw. Digraphen, so ist die relative Pfeilzahl definiert als:

$$p := \frac{m}{n \cdot (n-1)}$$

Als Innengrad eines Knotens bezeichnet man die Zahl der auf einen Knoten gerichteten Pfeile eines Digraphen, entsprechend ist der Außengrad die Zahl der von einem Knoten abgehenden Pfeile.

In einem gerichteten Graphen heißt ein Knoten v_j Nachbar oder unmittelbarer Nachfolger eines Knotens v_i, wenn ein Pfeil (v_i, v_j) existiert. Mit $\Gamma(v_i)$ wird die Menge aller Nachfolger des Knotens v_i bezeichnet.

Eine Folge $c_1, c_2, \ldots, c_k$ von Pfeilen eines Digraphen heißt gerichtete Kantenfolge oder Pfeilfolge $F=(c_1, c_2, \ldots, c_k)$. Man bezeichnet eine Pfeilfolge als geschlossen, Zyklus oder Schleife, wenn $c_0 = c_k$ ist, ansonsten handelt es sich um eine offene Pfeilfolge oder Weg.

Ein zusammenhängender Graph (je zwei beliebige Knoten sind miteinander verbunden), der keine Schleife enthält (schleifen-, kreis- oder zyklenfreier Graph), heißt Baum, ein entsprechender Digraph heißt gerichteter Baum mit der Wurzel v_0, wenn alle Knoten von v_0 aus erreichbar sind.

Wird jedem Pfeil eines Digraphen eine Bewertung f (Länge, Kosten) zugeordnet, so heißt das Tripel [V, R, f] ein bewerteter Digraph. Für die Pfeilfolge $F=(c_1, c_2, \ldots, c_k)$ ist folgende Größe als Länge definiert:

$$l(F) := \sum_{i=1}^{k} f(c_{i-1}, c_i)$$

6.2 Ein schnelles Verfahren zur Suche von Startpunkten für die Kantenverfolgung

In den bisher vorgestellten Datenstrukturen liegen, wie oben bereits erwähnt, als Startpunkte für die Linienverfolgung nur die Punkte der Liste L1 vor, also die Endpunkte der dominierenden Kanten. Mit diesen Startpunkten ist es möglich, im ersten Schritt der Kantenverfolgung noch verbliebene Lücken in den dominierenden Kanten zu schließen und diese an den Enden zu verlängern.

Zum Erkennen der schwächeren Kanten des Bildes, meist ein Teil der inneren Konturen der Objekte, sind weitere Startpunkte dieser Kanten bereitzustellen, da die Kantenverfolgungsalgorithmen nicht in der Lage sind, Verzweigungen zu erkennen. Daher gilt es, von jeder Kontur der Szene mindestens einen Punkt als Startpunkt bereitzustellen.

Dazu sei ein Punkt P1 im Gradientenbild betrachtet: Beim Binarisieren des Gradientenbildes oder beim Erstellen einer Statistik der Zahl der wirklichen Kantenpunkte in Abhängigkeit von der Binarisierungsschwelle b fällt auf, daß die Wahrscheinlichkeit P_s eines Punktes, nicht einer Kante K anzugehören, mit zunehmendem Grauwert abnimmt:

$$P_s (P1) = P (P1 \notin K) = f (1/b)$$

Daher erscheint es sinnvoll, möglichst den Punkt der Kante mit dem höchsten Gradientenwert als Startpunkt für die Verfolgung zu wählen.

Weiterhin ist es sinnvoll, sich das Entstehen des Gratbildes nochmals zu vergegenwärtigen: Hier war ein Punkt des Gradientenbildes nur dann übernommen worden, wenn er in einer Breite B senkrecht zur Gradientenrichtung ein Maximum darstellte (Bild 5.3). Dadurch wurden Kanten auf die Breite eines Bildpunktes reduziert, also mindestens die beiden direkten Nachbarn aller Maxima auf den Grauwert 0 gesetzt. Bedenkt man, daß bei einer Kante die Gradientenrichtungen benachbarter Punkte der Kante ähnlich sind (Bild 5.4), während im Bereich von Störungen dies zumindest unwahrscheinlicher ist, so bedeutet dies, daß im Bereich der Kanten mit einer höheren Wahrscheinlichkeit eine zusammenhängende Punktfolge im Gratbild erhalten bleibt. Allerdings beseitigt dieses Verfahren die Störungen nicht, da es ja die Maxima erhält, sondern isoliert sie nur mit einer höheren Wahrscheinlichkeit als die Punkte der schwachen Kanten.

Betrachtet wird nun die Verbundwahrscheinlichkeit P_v zweier Nachbarpunkte P1 und P2, mit der die Gradientenwerte G beider Punkte über einer Binarisierungsschwelle B liegen,

$$P_v (P1, P2, B) = P (GB(P1) > B \text{ UND } GB(P2) > B),$$

wobei das Wort UND im logischen Sinn gebraucht wird. Diese ist immer kleiner als jede der Wahrscheinlichkeiten

$$P (P_i, B) = P (GB (P_i) > B) \quad \text{mit } i \in \{ 1,2 \},$$

bei statistischer Unabhängigkeit der Gradientenwerte der Punkte ist sie sogar das Produkt der Einzelwahrscheinlichkeiten. Da aber die Gradientenwerte im Bereich der Kanten eine höhere statistische Abhängigkeit voneinander haben als im Bereich der Störungen, ist die Verbundwahrscheinlichkeit im Bereich der Kanten höher. Dies kann zur Extraktion weiterer Startpunkte verwendet werden:

Unter der Annahme, daß bei Zerlegung des Bildes in Fenster W der Größe wxw Bildpunkte sich in jedem der Fenster mindestens ein Liniensegment befindet, gibt es in diesem Fenster mindestens ein Paar benachbarter Punkte (P_i, P_j), das zu diesem Liniensegment gehört. Weiterhin ist die Annahme berechtigt, daß dieses Punktepaar auch im Gratbild GtB einen von 0 verschiedenen Wert hat.

Für jedes Fenster des Gratbildes wird daher folgende lokale Schwelle S_{lok} bestimmt:

$$S_{lok} = \underset{\forall\, P_i \in W}{\text{MAX}} \{ \underset{j}{\text{MIN}} \{ GtB(P_i), GtB(P_j) \} \} \quad \text{mit } P_j \in N_8 (P_i)$$

Da nicht in jedem Fenster des Bildes ein Liniensegment vorhanden sein muß, wird eine zusätzliche untere Schranke für die Schwelle S_{unt} angegeben, um in diesem Fall nicht Punktepaare des Rauschens als Startpunkte zu wählen. Daher ergibt sich für jedes Fenster des Gratbildes eine lokale Linienschwelle LLS:

$$LLS = MAX \{ S_{unt}, S_{lok} \}$$

Eine Realisierung dieses Algorithmus ist im seriellen Datenstrom möglich, beispielsweise derart, daß jeweils für ein Fenster W_3 der Größe 3x3 Bildpunkte die Operation

$$S_3 = \underset{\forall\ P_i \in W_3}{MAX} \{ \underset{j}{MIN} \{ Gt(P_i), Gt(P_j) \} \} \text{ mit } P_j \in N_8 (P_i)$$

durchgeführt wird. In dem Fenster zugeordneten Registern wird jeweils das Maximum der Werte S_3 (x) gespeichert und nach w Bildpunkten der Zeile auf den nächsten der N_x/w Register umgeschaltet. Nach Bearbeitung von w Zeilen, wobei jeweils das Register dann aktualisiert wird, wenn der aktuelle Wert von S_3 größer als der Registerstand ist, stehen in den Registern die Schwellen S_{lok} der entsprechenden Fenster.

Mit diesen Schwellen kann das für w Zeilen zwischengespeicherte Bild der Binarisierung mit der jeweiligen lokalen Linienschwelle unterzogen werden bei gleichzeitiger Bestimmung der Schwellen für die nächsten w Zeilen. Nach der Binarisierung ist es nur notwendig, die Koordinaten des Punktes, der über der lokalen Linienschwelle LLS lag, die Richtung zum Nachbarpunkt und den Wert LLS in die Startpunktliste zu übernehmen. Isolierte Punkte, die bei dieser Binarisierung entstehen können, erscheinen dabei nicht in der Startpunktliste.

Weiterhin besteht die Möglichkeit, nicht für jeden Punkt das Fenster auszuwerten, sondern nur benachbarte Fenster zu betrachten. Dies mindert den Realisierungsaufwand, da für die Fenstergröße 3x3 Bildpunkte die innere Pipeline der Vergleicher mit einer um den Faktor 3 verminderten Taktrate arbeiten kann und nur in jeder dritten Zeile aktiviert wird. Bei Parallelisierung und Zwischenspeicherung der Fenster in jeweils einem 9-dimensionalen Vektor wird sogar etwa der Faktor 9 erreicht. Dies hat eine kleinere Startpunktdichte zur Folge, wirkt sich aber bei nicht zu großer Fenstergröße nicht negativ aus, da die übrigen Punkte im Suchbereich des Verfolgers liegen.

Durch Sortieren der Startpunkte nach der Größe der lokalen Linienschwelle LLS oder durch Einordnen der Punkte in unterschiedliche Klassen (dies ist recht einfach möglich für eine feste Zahl von Klassen, da LLS immer zwischen S_{unt} und der globalen Binarisierungsschwelle für die dominierenden Kanten liegt) können weiterhin die Kanten mit dem höchsten Gradientenwert des Startpunktes zuerst verfolgt werden, um so zunächst die markantesten Linien zu extrahieren. Dies ist einerseits wiederum einer übergeordneten Verarbeitung zuträglich, und andererseits ist für die markantesten Linien die Wahrscheinlichkeit größer, diese über die Grenzen des Fensters hinaus zu verfolgen. Ein Teil der Startpunkte der Nachbarfenster liegt schon auf den so gefundenen Linien und kann aus der Liste entfernt werden.

Im Bild 6.1 sind zunächst das Ergebnis der Extraktion der dominierenden Kanten und dann die Vereinigungsmenge der Punkte der dominierenden Kanten sowie der Startpunktliste bei einer Fenstergröße w = 10 dargestellt.

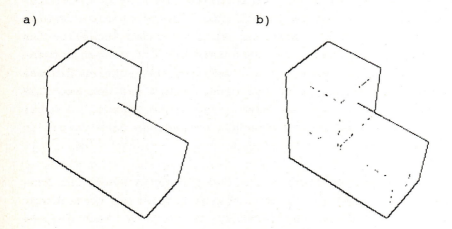

<u>Bild 6.1:</u>   Extrahierte dominierende Kanten (a) und zusätzliche Startpunkte (b)

6.3 Einschränkung der möglichen Wege

Da eine Betrachtung aller von einem Startpunkt ausgehenden möglichen Wege zu allen Punkten des Bildes als Zielpunkte weder sinnvoll noch mit vertretbarem Aufwand berechenbar ist, wird in diesem Abschnitt eine Untermenge dieser Wege ausgewählt, die zur Verfolgung der Kanten ausreicht.

6.3.1 Definition eines Weges

Dazu soll zunächst der Begriff des Weges definiert werden: Ein Weg w ist eine endliche Folge von Punkten, ausgehend von einem Startpunkt P_0, deren aufeinanderfolgende Punkte jeweils in einer Achternachbarschaft liegen:

$$w := (P_0, P_1, \ldots, P_n) \text{ mit } P_{i+1} \in N_8(P_i)$$

Eine weitere Möglichkeit der Beschreibung des Weges besteht darin, einen Startpunkt P_0 und ein n-Tupel der jeweiligen Folgerichtungen r zum Nachbarpunkt mittels Chain-Code (Bild 5.12) anzugeben:

$$w = (P_0, C) \text{ mit } C := C_n := (c_1, c_2, \ldots, c_n)$$
$$c_i = r(P_{i-1}, P_i) \in FCC$$
$$FCC = \{0, 1, \ldots, 7\}$$

Die Länge des Weges $|w|$ wird im folgenden in der Schachbrettdistanz gemessen und ist daher gleich der Zahl der Elemente des Tupels C.

Die Menge W aller von einem Startpunkt ausgehenden Wege der Länge n ist das n-fache Kreuzprodukt der Menge FCC mit sich selbst:

$$W := FCC^n$$

Auf der Menge FCC können folgende Operationen definiert werden:

o Addition   : $c + c' := (c + c') \bmod 8$
o Subtraktion : $c - c' := (c - c') \bmod 8$
o Winkeldifferenz :

$$c \ \hat{\ } \ c' := \begin{cases} (c-c') \bmod 8 & \text{für } (c-c') \bmod 8 \leq 4 \\ -((c-c') \bmod 8) & \text{für } (c-c') \bmod 8 > 4 \end{cases}$$

Umgekehrt ergibt sich der Punkt P_k eines betrachteten Weges als Funktion des Startpunktes:

$$P_k = F(P_0, c_1, c_2, \ldots, c_k)$$

Weiterhin gilt zu bemerken, daß die Form des Weges invariant gegenüber der Drehung um ganzzahlige Vielfache von 90 Grad ist. Eine Drehung um $n * \pi/4$ wird in der oben definierten Wegbeschreibung erreicht durch Addition von 2n zu jedem Element des Tupels C. Allerdings ist die Form des Weges nicht invariant gegenüber Drehungen um $(2i+1) * \pi/4$, wie in Bild 6.2 gezeigt. Hier führen die beiden Wege vor der Drehung um $\pi/4$ zum gleichen Endpunkt, während nach der Drehung zwei unterschiedliche Endpunkte erreicht werden.

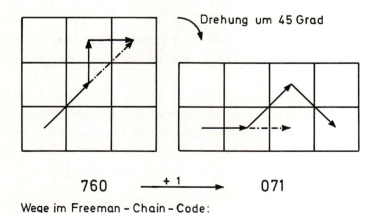

Wege im Freeman - Chain - Code:

Bild 6.2:   Drehung von Wegen um 45 Grad

6.3.2 Einschränkung der Zahl der zu betrachtenden Wege

Es ist nicht sinnvoll, die oben definierte Menge W aller möglichen, von einem Startpunkt ausgehenden Wege der Länge n zu betrachten: Einerseits erscheint die Zahl dieser Wege $Z = 8^n$ (bzw. 7^n, wenn man bedenkt, daß es nicht sinnvoll ist, wenn zwei aufeinanderfolgende Elemente des Weges in entgegengesetzte Richtung zeigen) zu groß für eine Untersuchung in angemessener Zeit, und andererseits sind mit diesen Wegen alle Punkte des um den Startpunkt gelegenen quadratischen Bildausschnittes der Kantenlänge 2n+1 erreichbar.

Es gilt daher, die Menge W drastisch zu beschränken, allerdings derart, daß bei der Kantenverfolgung dennoch alle im Gradientenbild vorhandenen Kanten gefunden werden. Die dann verbleibenden Wege werden im folgenden als Menge aller von einem Startpunkt P ausgehenden, sinnvollen Wege SW(P,k) der maximalen Länge k bezeichnet.

Eine erste, drastische Einschränkung der Zahl der Wege ergibt sich bei der Betrachtung der lokalen Wegkrümmung: Die lokale Änderung der Wegrichtung zwischen zwei benachbarten Wegelementen um mehr als 90 Grad ist nicht sinnvoll, da selbst im ungünstigsten Fall einer Ecke, die aus zwei den Winkel 45 Grad einschließenden Kanten gebildet wird, bei einer maximal zulässigen lokalen Änderung von 90 Grad nur ein Bildpunkt nicht berücksichtigt wird.

Daher können die lokale Wegänderung und damit die Menge der sinnvollen Wege zur Verfolgung auf einen maximalen Winkel (Bild 6.3) beschränkt werden:

$$SW(P,k) = (P, C) \quad \text{mit} \quad C = (c_0, c_1, \ldots, c_k),$$
$$c_i \in FCC, \quad 1 \leq i \leq k$$
$$\text{und} \quad |c_{i-1} \not\downarrow c_i| \leq a(\alpha) \in \{1, 2\} \quad 1 \leq i \leq k$$

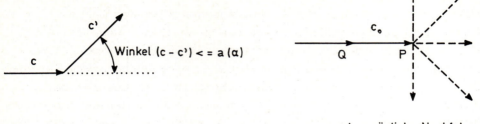

Bild 6.3: Einschränkung der lokalen Wegänderung
a) Maximal zulässige lokale Wegänderung a(α)
b) Zulässige Wege für a=2 bei c_0=0

Durch diese Beschränkung liegt die Zahl der Wege der Länge n Bildpunkte nur noch bei 5^n für a=2 bzw. bei 3^n für a=1. Untersuchungen unterschiedlicher industrieller Szenen zeigten, daß ohne Unterschiede bei der Kantenverfolgung die lokale Wegänderung auf a=1 beschränkt werden kann. Dies ist dadurch begründet, daß an Eckpunkten die Vektoren des Richtungsbildes sich nicht sprunghaft, sondern stetig ändern (Bild 5.4), was durch die flächenhafte Ausdehnung der Filtermasken bedingt ist. Selbst Masken der Größe 3x3 Bildpunkte zeigen dieses Verhalten, das man beispielsweise an den Ecken eines Schachbrettes leicht nachvollziehen kann.

In Bild 6.4 sind für die Weglängen l=1, 2 und 3 die sinnvollen Wege SW(P,k) und die damit erreichbaren Zielgebiete des Bildes Z(P,k) bei gegebenem Startpunkt P mit Startrichtung c_0 = 0 für a=1 dargestellt. Hier sieht man, daß eine rechtwinklige Ecke lediglich um einen Punkt, nämlich den Eckpunkt, verkürzt wird, während eine Richtungsänderung um 135 Grad mit mindestens zwei Zwischenrichtungen möglich ist.

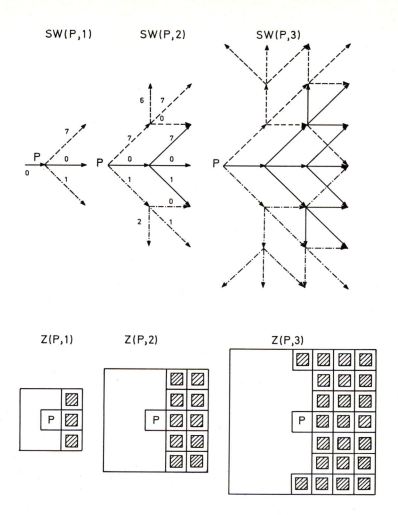

<u>Bild 6.4:</u> Sinnvolle Wege und zugehörige Bildausschnitte mit a=1, $c_0 = 0$ für k=1, 2 und 3

Eine weitere Beschränkung der Zahl der Wege ergibt sich für Weglängen k≥4 dadurch, daß nicht der volle Winkelbereich um den Startpunkt der Verfolgung zugelassen wird, sondern nur ein auf $2 \ast c_{max}$ eingeschränkter (Bild 6.5):

SW(P,k) = (P, C)   mit $C = (c_0, c_1, \ldots, c_k)$,
                                 $c_i \in FCC$,   1≤i≤k

           und $|c_i \not\ast c_0| \leq c_{max} \in \{1, 2, 3, 4\}$ 1≤i≤k

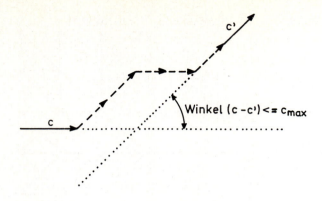

Bild 6.5: Maximal zulässige, globale Wegänderung c_{max}

Für c_{max} = 4 ergibt sich dabei (wenn man Wegkreuzungen nicht zuläßt) keine Änderung, während bei c_{max}=3 ab einer Weglänge k=4, bei c_{max}=2 ab k=3 und bei c_{max}=1 ab k=2 die Zahl der betrachteten Wege kleiner ist.

Hiermit werden für Wege einer Länge bis etwa k<4 die lokale Wegänderung und für längere Wege die Form der zulässigen Wege weiter eingeschränkt, was bei bekannten Parametern der Kanten der Szene (Geraden, maximale Radien) als Heuristik benutzt werden kann. Da die Zahl der zu untersuchenden Wege, wie später gezeigt wird, um einen Faktor 10 herabzusetzen ist, bedeutet dies eine deutliche Geschwindigkeitssteigerung bei der Verfolgung.

6.3.3 Einschränkung der Länge des betrachteten Weges

Eine weitere Steigerung der Geschwindigkeit ergibt sich durch die Beschränkung der Weglänge bei der Verfolgung. Im Gegensatz zu anderen Untersuchungen, wo Konturen in stark verrauschtem Bildmaterial gesucht werden (beispielsweise wird in /MART76/ eine gesamte Objektkontur, ausgehend von einem Startpunkt, verfolgt und die Zahl der zu untersuchenden Punkte ausschließlich durch Heuristiken, die die Form der zu findenden Kante beinhalten, begrenzt), kann hier die Kante als Aneinanderreihung von jeweils optimalen Kantenelementen einer Länge k (meist k < 10 Bildpunkte) betrachtet werden. Es wird daher, beginnend mit dem jeweiligen Startpunkt, ein optimaler Weg der Länge k gesucht und dessen Endpunkt, wenn kein Abbruchkriterium erreicht wurde, als neuer Startpunkt einer weiteren Suche verwendet.

Untersuchungen zeigten, daß dies gerechtfertigt ist:

o Die Störungen bei dominierenden Kanten sind auf nur sehr wenige Bildpunkte (1..2) begrenzt, wenn sich nicht durch eine falsche Schwellenwahl große Lücken in diesen Kanten ergeben. Diese Lücken können aber ebenfalls durch Aneinanderreihung von kurzen Teilwegen geschlossen werden, da diese Kanten ein ausgeprägtes Gratbild haben und in den meisten Fällen allein durch Verfolgung der maximalen Gradienten zu finden sind.

o Im Bereich schwächerer Kanten wird der Weg durch die zusätzlich zum Gradienten bewertete Gradientenrichtung sowie weitere, im folgenden beschriebene Merkmale ebenfalls gefunden. Probleme stellen Verzweigungen dar, wenn der eigentlich schlechtere Zweig in den ersten Punkten besser ist als der insgesamt bessere Zweig des Weges. Allerdings wird dieser Zweig ebenfalls gefunden, wenn mindestens ein Punkt des Zweiges in der Startpunktliste enthalten ist.

Es ist jedoch nicht möglich, größere Störungen zu überbrücken. Eine Störung kann nur dann überbrückt werden, wenn die jeweils besten Wege der maximalen Weglänge k bei einer Verfolgung von beiden Seiten der Störung aufeinandertreffen. Als weitere Möglichkeit bietet sich die Vergrößerung der Weglänge an, wenn die Bewertung aller Wege der Länge k eine Schranke unterschreitet. Dies bringt jedoch den Nachteil mit sich, daß dadurch auch Verbindungswege zu benachbarten Kanten gefunden werden, die eigentlich nicht existieren.

Weitere Einschränkungen der Weglänge ergeben sich durch die im weiteren vorgestellte Kostenfunktion zur Bewertung eines Weges.

6.4 Die Kostenfunktion zur Bewertung des Weges

Der Vergleich unterschiedlicher Wege $w \in SW(P, k)$ miteinander geschieht durch Bewertung dieser Wege mittels einer mit zunehmender Weglänge monoton steigenden, positiven Kostenfunktion, die für den besten Weg ein Maximum annimmt. Dabei werden für unterschiedliche Merkmale des Weges jeweils ein Kostenmaß berechnet und diese Kostenmaße anschließend gewichtet, additiv oder multiplikativ verknüpft. Da die Kostenfunktion vom momentan untersuchten Ort und Bildinhalt abhängt, kann sie für die entsprechenden Wege erst zur Laufzeit des Algorithmus berechnet werden und nicht, wie beispielsweise bei der Wegsuche in Verkehrs- und Transportnetzen, vorher bekannt sein. Daher hat die steigende Komplexität der Kostenfunktion einen negativen Einfluß auf die Laufzeit des Verfolgungsalgorithmus, erlaubt allerdings andererseits eine bessere Beurteilung des Weges.

Für die hier untersuchten Algorithmen wurde eine komplexe Kostenfunktion COST entwickelt, um mehrere unterschiedliche Merkmale des Weges in die Bewertung einzubeziehen. Sie wird multiplikativ aus drei Teilfunktionen verknüpft:

$$COST(w) = f_{boolean}(w) \cdot f_{global}(w) \cdot f_{bild}(w)$$

Es wird der Weg mit maximalen Kosten als bester Weg aller Wege $w \in SW(P, k)$ übernommen, wenn seine Kosten die Schwelle $COST_{min}$ überschreiten. Die Bedeutung der Teilfunktionen ist im folgenden näher erläutert:

o   Die <u>boolesche Kostenfunktion</u> $f_{boolean}(w)$ beurteilt, ob der Weg w erlaubt ist, und nimmt in diesem Fall den Wert 1 an, sonst den Wert 0.

o   In der <u>globalen Kostenfunktion</u> $f_{global}(w)$ wird der globale Verlauf des Weges beurteilt. Hier kann Wissen über die Krümmung bzw. die Abweichung von der Geraden sowie über die Homogenität des Weges Berücksichtigung finden.

o   Die <u>bildabhängige Kostenfunktion</u> f_{bild} (w) beurteilt die lokalen Eigenschaften des betrachteten Weges im Hinblick auf das zugrunde liegende Bildmaterial. Dabei wird hauptsächlich die Wahrscheinlichkeit bewertet, mit der ein betrachteter Bildpunkt als Wegelement in seiner lokalen Umgebung in Frage kommt.

6.4.1 Die boolesche Kostenfunktion

Diese Kostenfunktion dient der Elimination derjenigen Wege in SW(P, k), die für den aktuell betrachteten Startpunkt nicht sinnvoll sind. Diese Funktion wurde hier als multiplikative Verknüpfung dreier zweiwertiger Funktionen gewählt, die jeweils den Wert 0 oder 1 annehmen können:

$$f_{boolean} = rand(w) \cdot linie(w) \cdot connect(w) \quad \text{mit: } w = (P, C)$$

Die Funktion rand(w) schließt dabei Wege aus, die außerhalb des betrachteten Bildes oder Bildausschnittes B liegen:

$$rand(w) = \begin{cases} 0 & \text{für } \{ P_i = F(P, c_1, \ldots, c_i) \mid P_i \notin B \} \\ 1 & \text{sonst} \end{cases}$$

Die Funktion linie(w) schließt alle unmittelbar parallelen Wege zu schon existierenden Kanten aus. Dies ist deshalb notwendig, weil Wege nur bis zum Kreuzungspunkt mit schon vorhandenen Wegen betrachtet werden. In diesem Fall kann sonst die Bewertung eines parallel an einer vorhandenen Kante entlanglaufenden Weges besser sein als der direkte und damit kürzere Weg zur Kante, da die Gradienten in der unmittelbaren Nachbarschaft der Kante relativ hoch sind.

$$linie(w) = \begin{cases} 1 & \text{für } \{ P_i = F(P, c_1, \ldots, c_{i-1}, c_i) \mid Z_{i-1} = 0 \text{ und } Z_i \leq 1 \} \\ 0 & \text{sonst} \end{cases}$$

Dabei ist Z_j die Zahl der schon gefundenen Kantenpunkte in der Achternachbarschaft des Punktes P_j.

Mit der Funktion conn(w) werden die Richtungsdifferenz benachbarter Punkte bewertet (Konnektivität) und Wege ausgeschlossen, die eine zu große Winkeldifferenz der Gradientenrichtung benachbarter Punkte haben. Mittels dieser Funktion kann auch das Springen des verfolgten Weges zwischen eng benachbarten Linien vermieden werden:

$$\text{connect}(w) = \begin{cases} 0 & \text{für } \{ w = (P_0, \ldots, P_{i-1}, P_i, \ldots) \mid |RB(P_i) - RB(P_{i-1})| \geq W_{conn} \in \{2,3,4\} \} \\ 1 & \text{sonst} \end{cases}$$

Nimmt eine der Teilfunktionen der booleschen Kostenfunktion den Wert Null an, so wird durch die multiplikative Verknüpfung der Kostenfunktion die Bewertung des Weges und aller von diesem Punkt ausgehenden Teilwege abgebrochen, was auch zur Beschleunigung der Algorithmen beitragen kann.

6.4.2 Die globale Kostenfunktion

Diese Funktion bewertet den Wegverlauf unabhängig vom betrachteten Bildmaterial und berechnet sich für den Weg $w = (P, C)$ wie folgt:

$$f_{global}(w) = (1 - f_{summe}(C)) \cdot (1 - f_{betrag}(C))$$

Dabei beurteilt die Funktion f_{summe} die Abweichung des Weges von der Geraden durch Aufsummierung der Richtungsabweichungen:

$$f_{summe}(C) = W_{summe} \cdot \frac{1}{k} \cdot \left| \sum_{i=1}^{k} (c_{i-1} \not\ni c_i) \right|$$

$$= W_{summe} \cdot \frac{1}{k} \cdot | c_0 \not\ni c_k |$$

$$W_{summe} \in \{ -k/c_{max} \ldots k/c_{max} \} \quad \text{(Bewertungsfaktor)}$$

Mittels dieser Funktion können also Wege bevorzugt ($W_{summe} > 0$) bzw. auch benachteiligt werden ($W_{summe} < 0$), bei denen die Richtungen des Start- und Endpunktes übereinstimmen. Der Wert der Funktion wird dabei mit zunehmender Weglänge k kleiner, damit also der Wert der globalen Kostenfunktion größer.

Der zweite Term dient der Bewertung der Homogenität des Wegverlaufes:

$$f_{betrag}(C) = W_{betrag} \cdot \frac{1}{k} \cdot \sum_{i=1}^{k} |(c_{i-1} \not{\ } c_i)|$$

Diese Funktion hat beispielsweise einen kleineren Wert für eine ideale Gerade als für einen Weg, der um die ideale Gerade oszilliert.

6.4.3 Die bildabhängige Kostenfunktion

Die bildabhängige Kostenfunktion ist die eigentliche Bewertungsfunktion, da sie die Wege $w \in SW(P, k)$ anhand des aktuellen Bildmaterials, nämlich des Gradienten- und Richtungsbildes, bewertet. Sie wird als Summe einer partiellen Kostenfunktion vom Grad m gebildet, die jeweils Teilwege der Länge m bewertet:

$$f_{bild}(w) = \frac{1}{k} \cdot \sum_{i=m-1}^{k} f_{partiell}(P_{i-m}, \ldots, P_i)$$

$$\text{mit } P_j = F(P_0, c_1, \ldots, c_j) \text{ für } 0 < j < k$$

$$\text{und } P_{-1} = F(P_0, c_0+4) \quad \text{(Vorgängerpunkt von } P_0\text{)}$$

Experimente zeigten (/MAGG87/), daß eine partielle Kostenfunktion des Grades zwei ausreicht. Diese Funktion ist definiert als Produkt von vier Teilfunktionen:

$$f_{partiell}(P_{i-2}, P_{i-1}, P_i) = GB(P_i) \cdot$$
$$Ram(P_i, c_{i-1}) \cdot$$
$$Km(c_{i-2}, c_{i-1}) \cdot$$
$$Nm(P_i)$$
$$\text{mit } P_{j-1} = F(P_j, c_{j-1}+4) \text{ für } i-1 \leq j \leq i$$

Der Gradient des Punktes P_i geht dabei direkt in die partielle Kostenfunktion ein, während die übrigen Funktionen diesen Gradienten mittels Wichtungsfaktoren bewerten.

Das Richtungsabweichungsmaß Ram vergleicht die Verlaufsrichtung des gerade betrachteten Weges mit dem Eintrag im Richtungsbild:

$$\text{Ram}(P_i, c_{i-1}) = \begin{cases} 1 & \text{für } |c_{i-1} \nleftrightarrow RB(P_i)| = 0 \\ W_{Ram} & \text{für } |c_{i-1} \nleftrightarrow RB(P_i)| \in \{1, 3\} \\ 2 \cdot W_{Ram} - 1 & \text{für } |c_{i-1} \nleftrightarrow RB(P_i)| = 2 \end{cases}$$

$$\text{mit } 0{,}5 \leq W_{Ram} \leq 1$$

Das Kurvenmaß bewertet die lokale Krümmung des Weges:

$$\text{Km}(c_{i-2}, c_{i-1}) = \begin{cases} 1 & \text{für } c_{i-2} = c_{i-1} \\ W_{Km} & \text{sonst} \end{cases}$$

$$\text{mit } 0 \leq W_{Km}$$

Das Nachbarschaftsmaß begünstigt ($W_{Nm} > 1$) oder benachteiligt ($W_{Nm} < 1$) Wege, die auf schon bekannte Kanten treffen:

$$\text{Nm}(P_i) = \begin{cases} 1 & \text{für } S(P_i) > 0 \\ W_{Nm} & \text{sonst} \end{cases}$$

$$\text{mit } 0 \leq W_{Nm}$$

6.5 Algorithmen zur Bestwegsuche

Es sollen nun Algorithmen und deren Rechenzeiten betrachtet werden, die auf das hier beschriebene Problem der Bestwegsuche in der Menge der sinnvollen Wege SW(P, k) bei oben vorgestellter Kostenfunktion anwendbar sind. Zur Konturverfolgung gibt es prinzipiell vier mögliche Ansätze (/ASHK78/):

o   Eine gesonderte Untersuchung jedes möglichen Weges, die nur bei Problemen kleiner Komplexität angewendet werden kann.

o   Methoden der dynamischen Programmierung, die den Aufwand gegenüber der vollständigen Berechnung durch eine strukturierte Suchstrategie deutlich verringern. Beispiele sind zu finden in den Arbeiten von Montanati (/MONT71/), der ebenfalls eine - wenn auch sehr einfache - Kostenfunktion verwendet, und Griffith (/GRIF73/), der den Viterbi-Algorithmus anwendet.

o   Suche in einem Baum, die nach Ashkar eine Verringerung des Rechenaufwandes gegenüber der dynamischen Programmierung darstellt. Ein Beispiel ist die Arbeit von Chien und Fu (/CHIE74/), der eine depth-first Baumsuche anwendet, um die Kontur der Lunge aus einer digitalisierten Röntgenaufnahme zu extrahieren.

o   Verwendung von Bestwegsuchalgorithmen aus der Graphentheorie. Dabei wird die Menge der sinnvollen Wege in einen Graphen umgewandelt.

Im Rahmen dieser Arbeit wurden nur die beiden letztgenannten Verfahren untersucht, da das erstgenannte Verfahren ohnehin den höchsten Rechenaufwand und die dynamische Programmierung einen höheren oder zumindest gleichen Rechenaufwand wie eine Bestwegsuche in einem Baum oder Graphen erfordert, wie in /MART76/ gezeigt.

6.5.1 Bestwegsuche in einem Baum

Um eine gesonderte Berechnung der Kosten für jeden zu untersuchenden Weg zu vermeiden, läßt sich die Tatsache nutzen, daß es viele Wege mit gemeinsamen Teilwegen in SW (P, k) gibt. Die für einen Teilweg berechneten, bildabhängigen und globalen Kosten können bei der Berechnung des weiteren Weges berücksichtigt und umgekehrt eine weitere Betrachtung eines Weges abgebrochen werden, wenn die boolesche Kostenfunktion für einen Punkt des Weges zu Null wird.

Betrachtet man die Menge aller sinnvollen Wege SW(P, k), so ist leicht ersichtlich, daß diese durch einen vollständigen Baum beschrieben werden kann (Bild 6.6). Dabei wird jeder Weg zwischen benachbarten Bildpunkten auf einen Zweig (Kante) des Baumes abgebildet und jeder Bildpunkt auf einen oder mehrere Knoten.

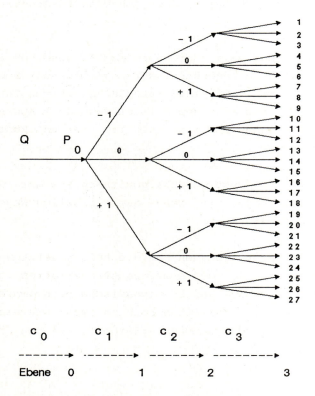

Bild 6.6: Vollständiger Baum für die Menge SW(P, 3) mit $a(\alpha) = 1$

Ausgehend vom Startpunkt als Wurzel des Baumes, gehen von jedem Knoten genau drei (für eine maximale Wegänderung α = 45 Grad, d.h. a(α) = 1) bzw. fünf (bei a(α) = 2) Zweige aus. Jede Ebene des Baumes entspricht der in der Schachbrettdistanz gemessenen Weglänge zwischen dem Startpunkt und den durch die Knoten dieser Ebene repräsentierten Bildpunkten. Ordnet man die Kanten beispielsweise nach der relativen Richtungsänderung des Weges (-1, 0, +1 in Bild 6.6), so ist damit eine bijektive Abbildung aller Wege aus SW(P, k) auf die Menge {1, ..., |SW(P, k)| } bestimmt, und es kann jedem Weg der Länge k eindeutig ein Blattknoten zugeordnet werden.

Weiterhin ist zu erkennen, daß sowohl die oben beschriebenen Einschränkungen bezüglich der zugelassenen Wege als auch die Berechnung der Kostenfunktion auf diesen Baum abzubilden sind:
Die maximal zulässige lokale Wegänderung bestimmt den maximalen Außengrad der Knoten des Baumes, die maximale Weglänge die Zahl der Ebenen. Die maximale Richtungsdifferenz c_{max} kann entweder bei der Erzeugung des Baumes beachtet oder in die boolesche Kostenfunktion einbezogen werden, um Teilbäume auszuschließen. Dies ist recht einfach möglich, da, ausgehend vom Startpunkt, nur die Summe aller relativen Richtungsänderungen mitzuführen ist.

Die boolesche Kostenfunktion schließt bei der Bestwegsuche im Baum alle von einem Knoten ausgehenden Teilwege aus, wenn diese Funktion zu Null wird. Hiermit ist es also möglich, unabhängig vom Startpunkt und der Startrichtung im Bild den gleichen Baum zur Bestwegsuche zu verwenden, wobei alle Teilwege der maximalen Länge k, deren boolesche Kosten nicht Null sind, als mögliche Wege zugelassen werden.

Die globale Kostenfunktion kann beim Durchlaufen des Baumes ebenfalls leicht bestimmt werden, da sie nur von der relativen Richtungsänderung und der Ebene abhängt.

Die für jeden Knoten des Baumes zu berechnende bildabhängige Kostenfunktion stellt den größten Berechnungsaufwand dar, da diese Funktion zum einen die komplexeste Funktion ist und zudem vom aktuellen Startpunkt und der Startrichtung abhängt, also für jeden Knoten zu berechnen ist. Zur Verminderung des Rechenaufwandes kann zur Berechnung der bildabhängigen Kostenfunktion beim Durchqueren des Baumes zu jedem schon erreichten Knoten die bisherige Summe der partiellen Kostenfunktion gespeichert werden. Dazu ist es notwendig, die Koordinate des betrachteten Bildpunktes, die beiden letzten Wegrichtungen und die aktuelle Ebene des Baumes zu kennen. Die beiden letzten Wegrichtungen sind aber unabhängig vom Startpunkt und der Startrichtung, so daß sie beim Anlegen des Baumes schon erzeugt werden können, die Bildkoordinate kann aus der Koordinate des Startpunktes und den relativen Richtungsänderungen beim Durchqueren des Baumes jederzeit aktualisiert werden.

6.5.1.1 Rekursive Suche

Zunächst wurde ein rekursiver Algorithmus zur Bestwegsuche implementiert, der in einer depth-first Strategie den gesamten Baum betrachtet und als Ergebnis den Weg mit dem höchsten Wert der Kostenfunktion liefert. Der prinzipielle Ablauf des Hauptprogrammes und der Rekursion ist in folgendem Pseudocode wiedergegeben:

```
{ **************   H A U P T P R O G R A M M   ************** }
{ Stp_Liste               = eine (bzw. mehrere) Liste(n) mit                  }
{                           Startpunkten zur Kantenverfolgung                 }
{ MAX_Weg                 = Maximale zu suchende Weglänge                     }
{ f_betrag[0..MAX_Weg]    = Ablage für den Summenterm von f_betrag            }
{ f_part[0..MAX_Weg]      = Ablage für f_partiell                             }
{ akt_Richt[0..MAX_Weg]   = Ablage des aktuellen Richtungscodes               }
{ opt_Richt[0..MAX_Weg]   = Ablage des Richtungscodes des besten              }
{                           Weges                                             }

TYPE Bild_Koord : record
                    x, y : integer;
                  end;
     Baum_Ast         : { LINKS, GERADEAUS, RECHTS };

VAR I, beste_Kosten, weglänge : integer;
    Startpunkt : Bild_Koord;
    wegsuche_beendet : boolean;
```

```
begin
   ..... Initialisierungen, Anlegen der Startpunktlisten, ....
   .....
while ( Punktezahl (Stp_Liste) > 0 ) do
   begin
                     { ***** INITIALISIERUNG FÜR DIE WEGSUCHE ***** }
      for I:=0 to MAX_Weg do
         begin
            f_betrag[I]   = f_part[I] = 0;
            opt_Richt[I] = akt_Richt[I] = NICHT_VORHANDEN;
         end;
      Startpunkt := Nächster_Punkt (Stp_Liste);
      beste_Kosten := 0;
      weglänge := 0;
      akt_Richt[weglänge] := Startrichtung (Startpunkt);
               { ***** REKURSIVE WEGSUCHE AB DEM STARTPUNKT ***** }
      wegsuche_beendet := FALSE;
      repeat
         suche_rekursiv (Startpunkt, GERADEAUS);
         suche_rekursiv (Startpunkt, RECHTS);
         suche_rekursiv (Startpunkt, LINKS);
         if ( beste_Kosten > Schwellwert )
         then
            begin            { **** TEILWEG ÜBERNEHMEN und am Ende
                                    WEITERSUCHEN, d.h Endpunkt als
                                    Startpunkt eines neuen Teilweges
                                    übernehmen                **** }
               Übernehme_Weg (Startpunkt, opt_Richt);
               Startpunkt = Endpunkt (Startpunkt, opt_Richt)
               beste_Kosten := 0;
               weglänge := 0;
               akt_Richt[weglänge] := Startrichtung (Startpunkt);
            end
         else            { **** EIN STARTPUNKT IST BEARBEITET **** }
            wegsuche_beendet := TRUE;
      until wegsuche_beendet;
   end;      { **** GESAMTE STARTPUNKTLISTE BEARBEITET    **** }
   ......
   ......
end.                     { ***** ENDE des Hauptprogrammes ***** }
```

{ ************ R E K U R S I V E   S U C H E ************** }

```
procedure suche_rekursiv ( Vorgängerpunkt : Bild_Koord;
                           Richtung : Baum_Ast );
VAR Kosten, I : integer;
    akt_Koord : Bild_Koord;

begin
  weglänge := weglänge + 1;    { *** EINE EBENE WEITERGEHEN *** }
  akt_Richt[weglänge] := Berechne_Richt ( akt_Richt[weglänge-1],
                                          Richtung);
  akt_Koord := Berechne_Koord ( Vorgängerpunkt,
                                akt_Richt[weglänge] );
```

$\{\,***$ ABBRUCH der Rekursion, wenn $f_{boolean} = 0\;***\,\}$

```
  if (
      ( Differenz (akt_richt[weglänge],
                           akt_richt[0]) > c_max     )   OR
      ( (rand (akt_Koord) = 0                        )   OR
      ( (connect (Vorgängerpunkt, akt_Koord) > w_conn )  OR
      ( (linie (Vorgängerpunkt, akt_Koord) > w_conn  )        )
  then
    begin
      weglänge := weglänge - 1;
      return                          { **** RÜCKSPRUNG **** }
    end;

  f_part[weglänge] := berechne_fpart(akt_Koord,
                                     akt_Richt[weglänge],
                                     akt_Richt[weglänge - 1] );
  f_betrag[weglänge] := f_betrag[weglänge - 1]
                        + ABS( Differenz (akt_Richt[weglänge],
                                 akt_Richt[weglänge - 1]) );
```

```
   if ( Andere_Linie_erreicht() OR weglänge = MAX_Weg )
   then
     begin                            { *** ENDBEDINGUNG erreicht,
                                           Rekursion beenden    *** }

        Kosten = Berechne_Gesamtkosten(.....);
        if ( Kosten > beste_Kosten )
        then
          begin                       { *** BESSEREN WEG gefunden,
                                           also übernehmen !! *** }
            beste_Kosten := Kosten;
            for I := 0 to weglänge do
              opt_Richt[I] := akt_Richt[I];
            if (weglänge < MAX_Weg) then
              opt_Richt[weglänge+1] := NICHT_VORHANDEN;
          end;
        weglänge = weglänge - 1;     { *** EINE EBENE ZURÜCK    *** }
        return;
     end          { then; Endbedingung erreicht }
   else                              { *** Endbedingung nicht erreicht,
                                           WEITERE REKURSION *** }
     begin
       suche_rekursiv (akt_Koord, GERADEAUS);
       suche_rekursiv (akt_Koord, RECHTS);
       suche_rekursiv (akt_Koord, LINKS);
     end;
end;                                 { *** suche_rekursiv() *** }
```

Dieser Algorithmus wurde als erster Algorithmus implementiert, da er überschaubar, für Entwicklung und Modifikationen der Kostenfunktion leicht handhabbar und recht einfach zu implementieren ist, da der Suchbaum nicht explizit als Datenstruktur aufzubauen, sondern implizit durch die Rekursion festgelegt ist. Der oben skizzierte Algorithmus durchsucht einen vollständigen Baum des Außengrades 3, für eine Suche mit Außengrad 5 (also α = 2) müssen lediglich Haupt- und Unterprogramm um zwei entsprechende Aufrufe der Rekursion (suche_rekursiv) erweitert werden.

Dieser Algorithmus expandiert jeweils nur einen Weg in einer Depth-First-Strategie bis zur maximalen Weglänge oder einem Abbruchkriterium (Boolesche Kostenfunktion). Daher genügen recht kleine Datenstrukturen, um die oben erwähnten Zwischenergebnisse zur Berechnung der Kostenfunktion zu speichern (f_betrag, f_part). Wird ein besserer Weg gefunden, so werden eine Datenstruktur mit dem jeweils besten Weg aktualisiert (opt_Richt) sowie die zugehörigen Kosten übernommen (beste_Kosten).

In der Rekursion erfolgt zunächst die Berechnung der Booleschen Kostenfunktion, bei einem Wert Null wird die Rekursion sofort wieder verlassen. Der Rechenaufwand zur Berechnung der partiellen Kosten und der Gesamtkosten ist also nur dann erforderlich, wenn der Weg betrachtet werden muß. Auch werden hier die Gesamtkostenfunktion nur berechnet und der entsprechende Bestweg übernommen, wenn die maximale Suchtiefe oder eine andere Linie erreicht wird. Soll dies bei jedem betrachteten Punkt geschehen, so sind die Berechnung der Kosten (Kosten := Berechne_Gesamtkosten(...)) und das darauffolgende IF-Statement vor das sie umschließende IF-Statement zu ziehen (also nach Berechnung von f_part und f_betrag).

Weiterhin gilt es zu bemerken, daß der Algorithmus unbedingt alle sinnvollen Wege expandiert und es nicht möglich ist, nur eine Untermenge der Wege des Baumes zu expandieren. Dies ermöglicht der folgende Algorithmus.

6.5.1.2 Iterative Suche

Um beliebige Suchstrukturen (beispielsweise die Suchstrahlen nach /HABE87/) vorgeben zu können, wurde ein iteratives Verfahren implementiert, dem die möglichen Wege als relative Richtungsänderungen in einem zweidimensionalen Feld (Weg[I,J]) übergeben werden. Jede Zeile des Feldes enthält einen Weg, dessen maximale Länge durch die Zahl der Spalten des Feldes begrenzt wird.

Im folgenden ist nur der Kern des Algorithmus zur Suche eines besten Weges der maximalen Länge l (MAX_Weg) dargestellt, die globale Suchstrategie ist identisch mit der des oben dargestellten Hauptprogrammes:

```
{ ******************   ITERATIVE BAUMSUCHE   ****************** }
{ MAX_Weg              = Maximale zu suchende Weglänge          }
{ MAX_Zahl             = Maximale Weganzahl                     }
{ Weg[0..Max_Zahl,
        0..MAX_Weg]    = Feld aller zugelassenen Wege           }
{ f_betrag[0..MAX_Weg] = Ablage für den Summenterm von f_betrag }
{ f_part[0..MAX_Weg]   = Ablage für f_partiell                  }
{ f_bool               = Ablage für f_boolean                   }


VAR  I, J                    { Laufvariable                             }
     beste_Kosten,           { bisher beste Kosten                      }
     bester_Weg,             { Nummer des bisher besten Weges           }
     Kosten,                 { Kosten des aktuellen Weges               }
     ende       : boolean;   { Endkriterium für einen Weg               }
     Startpunkt : Bild_Koord;{ aktuell betrachteter Startpunkt          }
     akt_Punkt  : Bild_Koord;{ aktuell betrachteter Bildpunkt           }
begin
   ....
   ....
                                   { **** INITIALISIERUNG **** }
   f_bool      := TRUE;
   bester_Weg := beste_Kosten := Kosten := 0;
   akt_Punkt   := Startpunkt;

   for I := 1 to MAX_Zahl do       { **** Suche in allen Wegen **** }
   begin
       Suche den Index Jmax, bis zu dem die Wege Weg[I,J] und
       Weg[I-1,J] übereinstimmen und setze
       J := Jmax;
       ende := FALSE;
       f_part[0] := 0;
       f_bool := berechne_f_boolean( ... )
       while ( f_bool = TRUE und ende = FALSE ) do
```

```
                     { **** Solange der Weg nicht vollständig
                               untersucht ist:              **** }
   begin
     J := J+1;
     Bestimme die Bildkoordinate akt_Punkt (aus akt_Punkt,
         Weg[I,J] und Weg[0,0] := absolute Richtung vom
         Vorgängerpunkt zum Startpunkt)
     f_bool := berechne_f_boolean( ... )

     if f_bool = TRUE        { **** NUR wenn boolesche
     then                              Kostenfunktion > 0 **** }
       begin
         f_part[J] := berechne_f_part (f_part[J-1], Weg[J],
                                       Weg[J-1]);
         f_betrag[J] := f_betrag[J - 1]
                     + ABS( Differenz (akt_Richt[J],
                            akt_Richt[J - 1]) );
         if ( (J=MAX_Weg) oder
              ( akt_Punkt auf einer schon gefundenen Linie) )
         then ende = TRUE;
       end     { if;  boolesche Kosten > 0 }
     else
       ende = TRUE;               { **** Abbruch der Suche **** }

     if ( (f_bool = TRUE ) und (ende = TRUE) ) then
     begin                      {  **** WEG ist VOLLSTÄNDIG
                                             UNTERSUCHT **** }
       Kosten := berechne_Gesamtkosten( .... );
       if Kosten > beste_Kosten
       then                     { **** BESSEREN WEG GEFUNDEN,
                                       ALSO ÜBERNEHMEN **** }
         begin
           bester_Weg    := I; { bester Weg in: Weg[bester_Weg] ! }
           beste_Kosten  := Kosten;
           beste_Länge   := J;
         end;
     end;     { if;   ein Weg vollständig untersucht }
   end;       { while; solange ein Weg nicht vollständig
                                                 untersucht }
 end;         { for;   alle Wege untersuchen }
```

Zur Rechenzeiteinsparung erfolgt, um nicht jeden Weg getrennt berechnen zu müssen, vor Ablauf des Algorithmus eine Umsortierung des Feldes Weg. Dieses Feld wird zeilenweise so umsortiert, daß alle Wege hintereinanderstehen, die mit gemeinsamen Teilwegen den Startpunkt verlassen. So können auch hier Zwischenergebnisse zur Berechnung der Kostenfunktion abgespeichert und bei der Betrachtung des nächsten Weges die Berechnung an der Stelle aufgesetzt werden (J:=Jmax), wo sich die Wege zum erstenmal unterscheiden.

Außerdem ist es möglich, für Rechenzeitvergleiche mit dem rekursiven Algorithmus das Feld so anzulegen, daß ein identischer Suchbaum angelegt und auch in gleicher Reihenfolge durchsucht wird. Dies ist zum Vergleich der Rechenzeiten notwendig, da die boolesche Kostenfunktion beim rekursiven Algorithmus die Suche in ganzen Teilbäumen abbrechen kann, was einen Rechenzeitvorteil des rekursiven Algorithmus bedeuten würde.

Auch hier erfolgen die Berechnung der Gesamtkosten und die Übernahme eines besseren Weges nur, wenn ein Wegende erreicht wird oder ein Abbruchkriterium erfüllt ist. Eine Berechnung für jeden Punkt des Weges erfordert hier nur die Streichung der Und-Verknüpfung "ende = TRUE" im entsprechenden IF-Statement (if f_bool = TRUE und ende = TRUE).

Der iterative Algorithmus erfordert, bedingt durch die Wegtabelle, einen höheren Speicherplatz, hat aber bei der Übernahme des jeweils bisher besten Weges den Vorteil, daß nur der Index I des Feldes Weg[] übernommen werden muß, unter dem der beste Weg zu finden ist. Weiterhin könnten zur Rechenzeitersparnis hier auch die globalen Kosten in einer Tabelle abgelegt werden, da sie nur von der Form des Weges und nicht vom aktuellen Bildmaterial abhängig sind. Andererseits ist es bei entsprechend hoher Zahl von Wegen zur Einsparung von Speicherplatz auch möglich, den Weg als Baumstruktur anzulegen, ohne die Struktur des iterativen Programmes grundlegend ändern zu müssen.

Der Nachteil der beiden hier vorgestellten Algorithmen liegt darin begründet, daß sie unbedingt alle Wege betrachten, die durch die boolesche Kostenfunktion nicht ausgeschlossen werden. Da der wesentliche Zeitaufwand hauptsächlich durch die Berechnung der

Kostenfunktion bestimmt und somit für jeden Knoten aufzubringen ist, gilt es, die Zahl der zu betrachtenden Knoten zu verringern und Algorithmen anzuwenden, die zur Bestwegsuche nicht unbedingt alle Knoten betrachten müssen.

6.5.2 Bestwegsuche in Graphen

Vergleicht man die zur Suche verwendete Baumstruktur mit der Menge der sinnvollen Wege S(P, k), so fällt auf, daß es ab einer Weglänge k=3 Kanten des Baumes gibt, die identische Bildpunkte miteinander verbinden. Dies bedeutet aber, daß ab diesen Kanten die Kostenfunktion unnötigerweise mehrfach berechnet wird, was bei entsprechend günstigerer Wahl der Suchstruktur ausgeschlossen wird und somit einen Rechenzeitgewinn bewirkt. Dieser Sachverhalt ist jeweils dann gegeben, wenn ein Bildpunkt aus unterschiedlichen Richtungen erreicht wird, d.h. wenn mehr als ein Weg zu diesem Bildpunkt führt. Dies ist in Bild 6.7 dargestellt:

Bild 6.7a zeigt einen Ausschnitt aus der Menge der sinnvollen Wege der Länge k=3. Die Wege (P_3, P_5) und (P_3, P_6) sind im vollständigen Baum (Bild 6.7 b) jeweils auf zwei Kanten abgebildet, der Punkt P_5 bzw. P_6 also auf je zwei unterschiedliche Knoten. Bei einer neuen Konstruktionsvorschrift des Graphen, die Richtungsänderung c_{ij} (von einem Punkt P_i zum Punkt P_j) auf einen Knoten des Graphen abzubilden, ergibt sich eine kleinere Zahl der Kanten bzw. Knoten (Bild 7.7 c), da nun alle Pfeile des Baumes, die an identische Bildpunkte führen, einen Knoten des Graphen darstellen. Dies ist hier bei den Knoten c_{35} und c_{36} zu erkennen. Alle von P_5 und P_6 ausgehenden Teilwege sind im vollständigen Baum doppelt vorhanden, weil sie auf die Kanten von jeweils zwei unterschiedlichen Knoten abgebildet werden. In diesem Graphen (Bild 6.7 c) werden sie nur einmal, wie hier für den Bildpunkt P_6 gezeigt, auf die von einem Knoten (hier c_{36}) ausgehenden Kanten abgebildet.

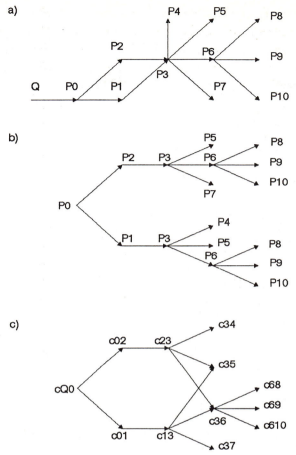

Bild 6.7: Zur Konstruktion des Graphen

Der Graph ist so konstruiert, daß alle Wege vom Startknoten v_0 zu einem Knoten der i-ten Stufe (Ebene) des Weges genau die Länge i haben; Kreise (Zyklen) existieren in diesem Graphen nicht, was für die Anwendbarkeit einiger Algorithmen der Graphentheorie wichtig ist. In diesem Graphen sind alle maximalen Wege zu untersuchen, d.h. alle Wege vom Startknoten v_0 zu allen Knoten v_j, deren Außengrad $a(v_j)$ Null ist und der somit keine abgehenden Pfeile besitzt. Diese Anzahl der von einem beliebigen Knoten ausgehenden Pfeile ist nach oben begrenzt durch den vom Winkel α bestimmten Freiheitsgrad f, da es für $v_j = c(P_i, P_{i+1})$ nur f erlaubte Argumente für eine Fortsetzung des Weges geben kann.

153

Es bleibt zu bemerken, daß auch der so konstruierte Graph Mehrfachberechnungen der partiellen und booleschen Kostenfunktion nicht gänzlich ausschließt, da zwei aufeinanderfolgende Wegelemente im Graphen auch dann durch unterschiedliche Knoten repräsentiert werden, wenn es mehrere Wege in SW(P, k) gibt, wo diese Punktfolge an unterschiedlicher Stufe (Ebene) auftritt (Teilwege (6, 7, 8) bzw. (8', 9', 10') in Bild 6.8).

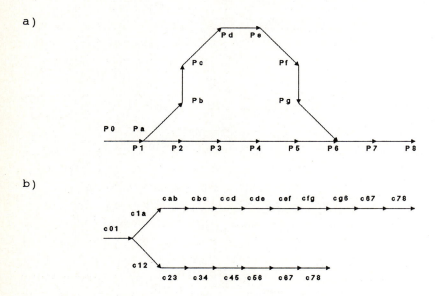

Bild 6.8: Unterschiedliche Kanten für gleiche Wegelemente

Bei einer vorgegebenen maximalen Weglänge k und einer maximal zulässigen lokalen Wegänderung $a(\alpha)$ ist der Graph nur von der Startrichtung c_0 abhängig. Dabei sind jeweils die Graphen zu gerader bzw. ungerader Startrichtung isomorph, da der verwendete Nachbarschaftsbegriff gegenüber Drehungen um 90 Grad, nicht aber um 45 Grad, invariant ist, wie in Abschnitt 6.3.1. (Bild 6.3) gezeigt. Es genügt also, vor Ablauf der Suche zwei Graphen, beispielsweise $G(c_0=0)$ und $G(c_0=1)$, als Datenstruktur zu erzeugen.

Vergleicht man die Zahl der Knoten $|V_G|$ bzw. Kanten $|R_G|$ des Graphen mit der Knotenzahl

$$|V_B| = \sum_{i=0}^{k} f^i = \frac{f^{k+1} - 1}{f - 1}$$

des vollständigen Baumes (Tabelle 6.1), so wird deutlich, daß die Suche in einem Graphen ab einer maximalen Weglänge k=4 einen Rechenzeitgewinn erbringt, da die Zahl der Kanten des vollständigen Baumes ($|R_B| = |V_B| - 1$) bzw. die Zahl der Kanten des Graphen die Anzahl der Berechnungen der Kostenfunktion repräsentieren.

Die Knoten- und Kantenzahlen V_0 und R_0 in Tabelle 6.1 sind die eines nicht kreisfreien Graphen, bei dem die Knoten mit Punktepaaren (P_i, P_{i+1}) und die Kanten mit Punktetripeln (P_i, P_{i+1}, P_{i+2}) identifiziert werden, ohne die Lage dieser Punkte im Weg zu berücksichtigen. Zwei Knoten v=(P, P') und v'=(Q, Q') sind dann mit einem Pfeil von v nach v' verbunden, wenn der Bildpunkt P' gleich Q ist. Diese Struktur entspricht der minimal erforderlichen Anzahl der Berechnungen der partiellen Kostenfunktion, die gleich der Kantenzahl des so konstruierten Graphen ist.

In Bild 6.9 ist die Zahl der maximal notwendigen Berechnungen der partiellen Kostenfunktion in Abhängigkeit von der Weglänge k für eine maximale Richtungsabweichung c_{max} = 4 und a=3 graphisch dargestellt.

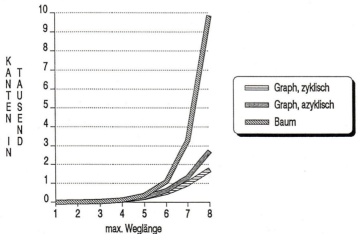

Bild 6.9: Zahl der notwendigen Berechnungen der Kostenfunktion

k	c_{max}	c_0	$|V_B|$	$|V_G|$	$|R_G|$	$|V_0|$	$|R_0|$
3	1	0/1		23	27	23	27
	2	0/1		33	37	33	37
	4	0/1	40	35	39	35	39
4	1	0/1		42	58	42	58
	2	0/1		74/73	94	70	94
	4	0/1	121	88/87	108	84	108
5	1	0		67	103	67	103
	1	1		79	110	67	103
	2	0		147	203	125	193
	2	1		143	202	125	193
	4	0	364	203	267	175	255
	4	1	364	201	264	175	255
6	1	0		98	162	98	162
	1	1		128	190	98	162
	2	0		270	396	200	340
	2	1		258	396	200	340
	4	0	1093	442	612	328	528
	4	1	1093	438	606	328	528
7	1	0		135	235	135	235
	1	1		195	305	135	235
	2	0		463	721	295	539
	2	1		437	697	295	539
	4	0	3280	903	1329	573	987
	4	1	3280	897	1317	573	987
8	1	0		178	322	178	322
	1	1		238	462	178	322
	2	0		746	1230	410	790
	2	1		700	1172	410	790
	4	0	9841	1792	2712	944	1722
	4	1	9841	1723	2694	944	1722

<u>Tabelle 6.1:</u> Zahl der Knoten (V) bzw. Kanten (R) bei einem Freiheitsgrad f = 3 (a=1) in Abhängigkeit von der maximalen Weglänge k, der maximalen Richtungsabweichung c_{max} und der Startrichtung c_0 in einem Baum (Index B), einem kreisfreien Graphen (G) und einem nicht kreisfreien Graphen (0)

6.5.2.1 Verfahren zur Bestwegsuche in Graphen

Die Verfahren zur Bestwegsuche in Graphen werden in zwei Klassen eingeteilt, nämlich die Matrixalgorithmen und die Baumalgorithmen.

Die insbesondere für allgemeine mathematische Optimierungsprobleme oft verwendete Klasse der <u>Matrixalgorithmen</u> (siehe z.B. /DOMS71/) bestimmt für jeden Knoten eines Graphen die besten Wege zu allen anderen Knoten dieses Graphen. Ausgehend von der Kostenmatrix $\underline{C}(G) = (c_{ij})$ und der Vorgängermatrix $\underline{R}(G) = (r_{ij})$ mit $i,j \in \{1..|V|\}$ eines bewerteten, gerichteten (Di-)Graphen $G = [V, R, c]$ mit positiver Kantenbewertung, erhält man dabei durch Anwendung dieser Algorithmen nach $|V|$-maligem simultanem Umformen aus der Kostenmatrix eine Distanzmatrix und aus der Vorgängermatrix eine Bestwegmatrix.

Die Matrixalgorithmen erweisen sich für die hier vorgestellte Problematik aus zwei Gründen als nachteilig:

o Es werden ständig zwei Datenmatrizen der Dimension $|V|\times|V|$ benötigt, wobei die Kostenmatrix für jeden Startpunkt neu zu berechnen ist.

o Es werden stets die kürzesten Wege zwischen <u>allen</u> Knoten ermittelt, obwohl nur der kürzeste Weg, ausgehend von einem Startknoten, benötigt wird.

Für die hier vorliegende Fragestellung sind daher die sogenannten <u>Baumalgorithmen</u> effizienter, da sie - mit Ausnahme des Algorithmus von Nicholson /NICH66/ - nur die kürzesten Wege von einem Startknoten zu allen übrigen Knoten eines bewerteten Graphen bestimmen. Charakteristisch für diese Algorithmen ist der Aufbau jeweils eines (meist vollständigen) Bestwegbaumes. Aufgrund ihrer Effektivität für viele Bestwegprobleme und ihrer Eignung auch für größere Graphen wurde eine Vielzahl von Algorithmen entwickelt, die sich in zwei Klassen einordnen lassen: die Iterations- und die iterationsfreien Algorithmen.

Prinzipiell kann der Aufbau eines Bestwegbaumes in zwei Richtungen erfolgen:

o in "Vorwärts"-Richtung durch Betrachtung der Nachfolgeelemente jedes Knotens, ausgehend von der Baumwurzel (sogenanntes i → j_n-Verfahren) und

o in "Rückwärts"-Richtung durch Betrachtung der Vorgängerelemente aller Graphenelemente bis zu einer Baumwurzel (sogenanntes j_n → i-Verfahren).

Der methodische Ablauf der Baumalgorithmen soll zunächst kurz skizziert werden:

Die Graphenelemente werden drei disjunkten Teilmengen zugeordnet:

o Die Menge $B^{(j)}$ enthält diejenigen Elemente, die (potentiell nur vorläufig oder mit suboptimaler Kostenbewertung) bereits im Bestwegbaum enthalten sind.

o Die Menge $K^{(j)}$ der zur weiteren Bearbeitung anstehenden Kandidaten (Kandidatenliste).

o Die Menge $S^{(j)}$ der sonstigen Elemente, die weder in $B^{(j)}$ noch in $K^{(j)}$ enthalten sind.

Beim Start der Algorithmen beinhaltet die Menge $K^{(0)}$ nur den Startpunkt als Wurzel des Bestwegbaumes, die Menge $B^{(0)}$ ist leer, und $S^{(0)}$ enthält alle Knoten des Graphen ohne den Startknoten.

In jedem Algorithmenschritt j wird nun ein Element der Kandidatenmenge mittels einer <u>Kandidatensuchfunktion</u> zur Bearbeitung ausgewählt, aus dieser Menge entnommen und der Baummenge hinzugefügt.

Dann werden für alle Folgeelemente dieses Kandidaten (in der Menge $B^{(j)}$ oder $S^{(j)}$) überprüft, ob die bisher ermittelte Bestweglänge noch verbessert werden kann. Ist dies der Fall, wird das entsprechende Folgeelement aus der bisherigen Menge entnommen und in die Kandidatenmenge und den Bestwegbaum übernommen oder, wenn es schon Element der Kandidatenliste war, seine Wegbewertung aktualisiert.

Der Algorithmus terminiert dann, wenn die Kandidatenliste leer ist.

In Abhängigkeit von der Art der Kandidatensuchfunktion lassen sich die Baumalgorithmen in zwei Klassen einteilen: Die <u>Iterationsverfahren</u> wählen als Kandidaten das nächste Element einer Liste, während die <u>iterationsfreien Verfahren</u> als Kandidat dasjenige Element aussuchen, welches unter allen derzeitigen Elementen der Kandidatenliste die kürzeste Entfernung (Kosten) von der Baumwurzel besitzt. Dies bedeutet (bei einer nicht negativen Kantenbewertung des Graphen), daß die Wegbewertung eines einmal in die Baummenge aufgenommenen Elementes nicht mehr verbessert werden kann und somit diese Elemente in jedem Abarbeitungszustand bereits einen optimalen Teilbaum bilden. Umgekehrt ist aber dadurch auch gewährleistet, daß kein Element mehrmals zu bearbeiten ist, also somit alle Elemente der Kandidatenliste endgültig bearbeitet sind und der Algorithmus nach |V| Schritten terminiert. Man spricht hier wegen der nur einmal notwendigen Zuordnung von Wegkosten zu jedem Element auch von <u>Label-setting-Verfahren</u>, während die Iterationsverfahren auch als <u>Label-correcting-Verfahren</u> bezeichnet werden, da hier einem in die Kandidatenliste aufgenommenen Element noch keine endgültigen minimalen Wegkosten zugeordnet sein müssen.

Die iterationsfreien Algorithmen brauchen also nur die minimal notwendige Zahl der Bearbeitungsschritte zum Aufbau des vollständigen Bestwegbaumes, da offensichtlich kein Algorithmus einen vollständigen Bestwegbaum aufbauen kann, ohne wenigstens jedes Element des Graphen mindestens einmal bearbeitet zu haben. Zudem bietet sich hier auch die Möglichkeit zum vorzeitigen Abbruch des Algorithmus, da nur der beste Weg zwischen dem Startknoten und einem Zielknoten der Ebene k gesucht ist. Es kann also dann abgebrochen werden, wenn der erste Knoten der Ebene k des Graphen in die Baummenge aufgenommen wird, da dieser ja dann die bisher minimalen Kosten aller Kandidaten aufweist und es somit wegen der positiven Wegbewertung keinen besseren Weg zu irgendeinem Knoten des Graphen geben kann.

Die Tatsache, daß ein iterationsfreies Verfahren stets eine geringere Zahl der Kandidatenbearbeitungen haben wird, bedeutet noch nicht, daß damit auch eine entsprechende Reduzierung des Gesamt-Rechenaufwandes gegenüber dem Iterationsverfahren einhergeht, da die Suche eines Kandidaten mit minimaler Wegbewertung entscheidenden Einfluß auf die Effizienz des Verfahrens hat.

Auch die Speicherung des Graphen hat einen Einfluß auf die Effizienz des Verfahrens. Gehen die Algorithmen von einer kantenorientierten (bzw. bei gerichteten Graphen pfeilorientierten) Liste aus, so spricht man von der <u>Kantenform</u> (Pfeilform) des Algorithmus, andernfalls von der <u>Matrixform</u>. Wie in /MEHL77/ gezeigt, unterscheiden sich die Darstellungen eines vollständigen Graphen in Form einer Matrix oder einer Liste bezüglich des Speicherbedarfs kaum voneinander. In einem nicht vollständigen Graphen benötigen die Nachbarschaftslisten wegen $0 \leq |R| \leq |V|^2$ weniger Speicherplatz als die Adjazenzmatrix. Auch für die Laufzeit der Algorithmen erweist sich die Darstellung in Listenform für $|R| \leq |V|^2$ (hier liegt sogar $|R| \ll |V|^2$ vor) als günstiger, sofern der Algorithmus nicht eine Matrixdarstellung erfordert. Dies ist im Falle der Baumalgorithmen auch einsichtig, da beispielsweise die Suche der Nachbarknoten zur Expandierung eines Knotens in der Matrixform die Untersuchung aller ($|V|$) Elemente einer Zeile der Adjazenzmatrix erfordert, während bei einer Listenform diese Elemente sofort der Nachbarschaftsliste zu entnehmen sind.

Im folgenden werden ein Iterationsalgorithmus (Ford) und ein iterationsfreier Algorithmus (Dijkstra) vorgestellt und die damit erzielten Ergebnisse der Bestwegsuche diskutiert. Die Wahl fiel auf diese beiden Algorithmen, da sie in der Literatur mehrfach die besten Ergebnisse bei der Bestwegsuche in gerichteten Digraphen mit einer relativen Pfeilzahl von $p < 0,5$ zeigten (/DOM72/, /LOES85/). Hauptsächliche Motivation, nur diese beiden Algorithmen zu untersuchen, waren die Untersuchungen in /LÖSC85/. Hier lag ein Graph mit 95 Knoten und 502 Pfeilen zugrunde, der in Pfeilform ausschließlich in eindimensionalen Feldern abgelegt werden konnte und dessen Kantenbewertungen nicht berechnet werden mußten, sondern als konstante Werte ebenfalls in einem eindimensionalen Feld abgelegt wurden. Die Berechnung der Kostenfunktion benötigte also nur eine Addition je Knotenexpansion, und der Zugriff auf den Graphen konnte durch die Ablage in eindimensionalen Feldern ebenfalls extrem effizient durchgeführt werden, so daß hier in die Bewertung fast ausschließlich die Ausführungszeiten der Algorithmen eingehen und nicht zusätzliche Zeiten, die für den Zugriff auf den Graphen und die Berechnung einer komplexen Kostenfunktion notwendig sind.

6.5.2.2 Algorithmus nach Dijkstra

Voraussetzung für die Anwendung des Algorithmus von Dijkstra (/DIJK59/) ist ein kreisfreier, gerichteter Graph mit nicht negativer Kantenbewertung f. Der Algorithmus arbeitet mit zwei Mengen von Knoten, die sich durch ihre Attribute (Label) unterscheiden: Die Knoten werden zunächst in die Menge der Knoten mit temporären Attributen eingeordnet. Diese Menge entspricht der oben vorgestellten Menge, wobei die Attribute eine obere Schranke für die Länge (hier die Kosten) eines optimalen Weges vom Startknoten v_0 zum jeweiligen Knoten darstellen. Diese Attribute können bei jedem Schritt verkleinert und genau ein Knoten aus der Menge der Knoten mit temporären Attributen entfernt und in die Menge der Knoten mit permanenten Attributen (Menge $B^{(j)}$) eingefügt werden. Die Kosten dieses Knotens sind dann nicht mehr eine obere Schranke, sondern die exakten Kosten des Optimalweges.

Der Algorithmus arbeitet wie folgt:

<u>Initialisierung:</u> Kostenvektor d und Wegvektor r werden vorbesetzt:

$$d_i^{(0)} := \begin{cases} 0 & \text{für } i=0 \\ \infty & \text{für } v_i \in V \setminus \{v_0\} \end{cases}$$

$$r_i^{(0)} := \begin{cases} 0 & \text{für } v_i \in \Gamma(v_0) \\ \infty & \text{sonst} \end{cases}$$

Der Startknoten wird als permanent, alle übrigen Knoten werden als temporär markiert:

$$B^{(0)} := \{v_0\} \quad \text{und} \quad K^{(0)} := V \setminus \{v_0\}$$

Der Knoten mit der kürzesten Entfernung zum Startknoten wird bestimmt:

$$v_j := \{ v \mid v \in K^{(0)} \text{ mit } d_j = \min(d_i^{(0)}) \}$$

<u>Wiederhole:</u> Für alle $v_i \in \Gamma(v_j)$ mit $v_j \in K^{(k-1)}$ bestimme:

$$d_i^{(k)} := \min(d_i^{(k-1)}, d_j^{(k-1)} + f_{ji})$$

$$r_i^{(k)} := \begin{cases} j & \text{für } d_i^{(k)} < d_i^{(k-1)} \\ r_i^{(k-1)} & \text{sonst} \end{cases}$$

Bestimme den Knoten mit kürzester Entfernung zum Startknoten:

$$v_j := \{ v_j \in K^{(k-1)} \mid d_j = \min(d_i^{(k)}) \}$$

Markiere diesen Knoten als permanent:

$$K^{(k)} := K^{(k-1)} \setminus \{v_j\} \quad \text{und}$$
$$B^{(k)} := B^{(k-1)} \cup \{v_j\}$$

<u>so lange,</u> bis alle Knoten permanent sind, also $K^{(k)} = \{ \}$ gilt.

Es stehen nun die (minimalen) Kosten des Optimalweges vom Startpunkt v_0 zu jedem Knoten v_i in d_i und der zu diesem Knoten führende Weg in Form des Verweises auf den Vorgängerknoten des Optimalweges in r_i zur Verfügung.

Bei diesem Algorithmus ist zu beachten, daß er als beste Wege die Wege mit den geringsten Kosten bestimmt, im Gegensatz zum hier vorliegenden Problem, wo der beste Weg maximale Kosten hat. Zur Anwendung dieses Algorithmus muß daher eine Kantenbewertung

$$f'_{ji} := f_0 - f_{ji}$$

gewählt werden, bei der f_0 eine Konstante ist, deren Wert größer als jede Kantenbewertung sein muß, da der Algorithmus eine Kantenbewertung größer Null, also eine monoton steigende Wegbewertung voraussetzt.

Weiterhin kann das Verfahren vorzeitig abgebrochen werden, wenn nur die besten Wege vom Knoten v_0 zu einer Teilmenge V' aller Knoten gesucht sind /MINT57, BRAE71/. Dazu braucht die Iteration nur solange wiederholt zu werden, bis alle Knoten der Menge V' permanent sind. Da hier nur der kürzeste Weg zwischen Startknoten und einem Knoten der Ebene k gesucht wird, kann schon dann abgebrochen werden, wenn der erste Knoten der Ebene k permanent gesetzt wird, da er in dieser Iteration den aktuell kürzesten Weg darstellt und alle weiterhin zu betrachtenden Knoten eine Weglänge haben müssen.

Zur Speicherung der Graphen G(0) und G(1) wurde eine knotenorientierte Listenstruktur gewählt (Bild 6.10), da diese einen kleineren Speicherplatz als die knotenorientierte Liste einnimmt, zumal beim hier vorliegenden, zusammenhängenden Graphen $|R| \geq |V|$ gilt. Die beiden Listen enthalten dabei alle zur Berechnung der Kostenfunktion und zum Fortschreiten im Graphen notwendigen Angaben relativ zu einem Startpunkt und sind damit bildpunktunabhängig. Sie können daher vor Ablauf des Algorithmus erzeugt werden.

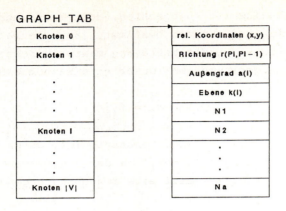

Bild 6.10   Datenstruktur zur Speicherung des Graphen

Diese Datenstruktur eignet sich zur Rechenzeitverkürzung, da die Nachfolgeknoten jedes Knotens in der Datenstruktur stehen und nicht wie bei der Matrixform gesucht werden müssen. Weiterhin wird die Suche des Knotens mit minimalen Kosten nicht in der Menge aller Knoten durchgeführt, also zu Beginn des Algorithmus nicht alle Knoten temporär gesetzt, sondern der kleinste und größte Index der in der temporären Menge befindlichen Knoten gespeichert und nur diese Teilmenge durchsucht. Zu Beginn sind dies nur die Nachfolger des Startknotens und, da der Graph nach Ebenen sortiert ist, nur die ersten Elemente des Graphen.

6.5.2.3   Algorithmus nach Ford

Das Iterationsverfahren nach Ford (/FORD62/) ist prinzipiell eine Weiterentwicklung des Algorithmus von Moore (/MOOR57/), eines der ältesten Iterationsverfahren, bei dem ursprünglich gleiche Bewertung aller Kanten des Netzes vorausgesetzt wurde. Auch ist der Algorithmus von Bellmann (/BELL58/) als Vorstufe des Ford-Algorithmus zu sehen, da er sich nur in der Kandidatsuchfunktion bei sonst identischem Verfahren unterscheidet.

Der Algorithmus expandiert, ausgehend vom Startknoten, in einer Breadth-First-Strategie alle Nachfolgeknoten und markiert diejenigen, deren Wegbewertung verbessert werden konnte, als Kandidaten für die weitere Expansion durch Zuordnung in die Menge $K^{(j)}$:

<u>Initialisierung:</u>   Der Startknoten wird markiert, Kostenvektor d und Wegvektor r werden vorbesetzt:

$$K^{(0)} := \{v_0\}$$

$$d_i^{(0)} := \begin{cases} 0 & \text{für } i=0 \\ \infty & \text{sonst} \end{cases}$$

$$r_i^{(0)} := \begin{cases} 0 & \text{für } v_i \in \Gamma(v_0) \\ \infty & \text{sonst} \end{cases}$$

<u>Wiederhole:</u> Für alle $v_i \in \Gamma(v_j)$ mit $v_j \in K^{(k-1)}$ bestimme:

$$d_i^{(k)} := \min(\, d_i^{(k-1)},\, d_j^{(k-1)} + f_{ji}\,)$$

$$r_i^{(k)} := \begin{cases} j & \text{für } d_i^{(k)} < d_i^{(k-1)} \\ r_i^{(k-1)} & \text{sonst} \end{cases}$$

$$K^{(k)} := \{v_i \mid d_i^{(k)} < d_i^{(k-1)} \}$$

<u>so lange,</u> bis kein Knoten mehr markiert werden kann, also $K^{(k)} = \{\,\}$ gilt.

Als Datenstruktur zur Speicherung des Graphen wurde hier die gleiche Struktur wie beim Verfahren nach Dijkstra gewählt, so daß die Ergebnisse der Algorithmen miteinander zu vergleichen sind, ohne den Vor- oder Nachteil einer unterschiedlichen Datenstruktur dabei berücksichtigen zu müssen.

Im Gegensatz zum Algorithmus nach Dijkstra kann dieses Verfahren nicht vorzeitig abgebrochen werden, wenn nur der kürzeste Weg vom Startknoten zu einem bestimmten (oder einer Teilmenge von) Zielknoten gesucht ist.

Der Algorithmus nach Bellmann unterscheidet sich nur in der Kandidatensuchfunktion. Hier werden keine Knoten markiert, und der Algorithmus expandiert <u>alle</u> bisher betrachteten Knoten $v_i \in \Gamma(v_j)$ so lange, bis keine Entfernungen mehr verkürzt werden können. Da aber bei diesem Verfahren und dem hier vorliegenden Graphen Knoten mehrfach expandiert werden müssen, ist der Rechenaufwand größer als beim Verfahren nach Ford, weshalb der Algorithmus nicht weiter untersucht wurde.

Das Verfahren nach Ford zeigt für Graphen mit relativ wenigen Pfeilen ($\sigma \ll 1$) in den Untersuchungen von Domschke (/DOMS71/) sehr gute Ergebnisse, für $\sigma < 0.4$ weist es selbst noch deutliche Zeitvorteile gegenüber dem Algorithmus nach Dijkstra auf. Allerdings können hier (für k=3, c_{max}=4 ist σ = 0,023; für k=4, c_{max}=4 ist σ = 0,0076) diese Testergebnisse nur als Anhaltspunkt dienen, da sie auch von der Implementation des Verfahrens, dem zugrunde liegenden Graphen und dem Aufwand zur Berechnung der Kostenfunktion und der Nachfolger eines Knotens abhängen.

6.5.3 Diskussion der Ergebnisse

Bei der Betrachtung der für die Kantenverfolgung benötigten Rechenzeit ist grundsätzlich zu bemerken, daß sie im wesentlichen bestimmt wird von der Zahl der zu betrachtenden Kanten der Suchstruktur. Dies bedeutet, daß die Rechenzeit in erster Linie von der maximalen Länge k des zu untersuchenden Weges und damit der Zahl der Ebenen des Baumes bzw. Graphen abhängt. Die in diesem Abschnitt angegebenen Rechenzeiten sind gemessen mit einem 68010-Prozessor mit 8Mhz Taktfrequenz und Programmierung in C.

Im Rahmen der Untersuchungen (/MAGG87/) wurde festgestellt, daß bei Szenen durchschnittlicher Qualität eine Weglänge $k \in \{3, 5\}$ zur Verfolgung ausreicht. Weiterhin ist es zur Minimierung auch möglich, die Suchtiefe k in Abhängigkeit vom Bildmaterial, beispielsweise über die bildabhängige Kostenfunktion, zu steuern. Dies kann derart geschehen, daß die Suchtiefe erhöht oder verdoppelt und eine weitere Suche durchgeführt wird, wenn ein Bereich kleiner Gradienten untersucht wird, was am Maximalwert der partiellen Kostenfunktion zu beurteilen ist.

Erst bei einer fest vorgegebenen Weglänge k für die Suche ist es sinnvoll, unterschiedliche Suchstrukturen und -algorithmen miteinander zu vergleichen. Hier wurde schon in 6.5.2 gezeigt, daß durch geeignete Konstruktion eines Graphen die Zahl der maximal möglichen Kanten und damit der Berechnungen der bildabhängigen Kostenfunktion drastisch reduziert werden kann. Eine weitere Reduktion ergibt die Einschränkung der maximal zulässigen Richtungsabweichung c_{max} (Bild 6.11).

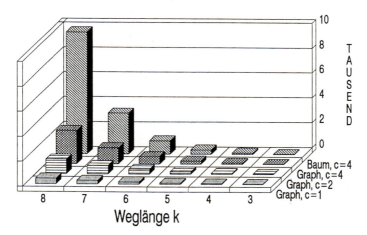

Bild 6.11: Maximal mögliche Kantenzahl der Suchstruktur (Baum bzw. Graph) in Abhängigkeit von der Suchtiefe k

Abhängig vom Bildmaterial (über die boolesche Kostenfunktion), dem Algorithmus und von der gewählten Suchstruktur ergibt sich eine durchschnittliche Kantenzahl, die in Bild 6.12 dargestellt ist. Als Grundlage dienten hier drei Szenen unterschiedlichster Qualität, die bei gleicher Vorverarbeitung mit den vier Suchverfahren bei jeweils fünf unterschiedlichen Parametrisierungen der Kostenfunktion bearbeitet wurden. Die Ergebnisse sind in Abhängigkeit von der Weglänge k und der maximal zulässigen Richtungsabweichung c_{max} (skaliert als Zahlenwert 10·k+c) aufgetragen.

Da sich die Ergebnisse der iterativen und rekursiven Baumsuche weder hier noch bei den folgenden Betrachtungen unterschieden (nur unwesentlich andere Rechenzeiten), wird nur das rekursive Verfahren betrachtet.

Man sieht hier, daß bei der Suche in einem Baum (v=0) und beim Verfahren nach Ford (v=2) nur kleine Unterschiede zur maximalen Kantenzahl bestehen, da bei diesen Verfahren die Suchstruktur unbedingt ganz durchsucht wird und nur die boolesche Kostenfunktion zu einer Verminderung der Kantenzahl beiträgt, was aber nur bei recht wenigen Suchprozessen zum Tragen kommt, nämlich nur am Rand der Szene, bei Auftreffen auf eine vorhandene Kante (was bei einer Verfolgung einer Innenkontur eines Objektes nur an den beiden Enden zutrifft) oder bei Verletzung des Konnektivitätskriteriums. Dies ist abhängig von der Breite der gewählten Maske zur Kantenhervorhebung (hier 7x7) und der Suchtiefe, so daß dieser Faktor wegen der recht großen Maskendimension im Verhältnis zur Suchtiefe hier kaum einen Einfluß hatte. Das Verfahren nach Dijkstra zeigt hier deutliche Vorteile, da es nicht alle Kanten des Graphen expandiert, worauf im folgenden noch einmal näher eingegangen wird.

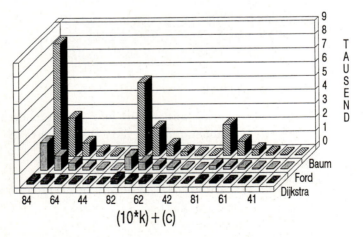

Bild 6.12: Durchschnittliche Kantenzahl bei der Suche in Abhängigkeit vom Verfahren, von der Suchtiefe k und der maximal zulässigen Richtungsabweichung

Dieser Sachverhalt spiegelt sich auch in der Erfolgsquote des Verfahrens (Zahl der gefundenen Wegpunkte, bezogen auf die Zahl der untersuchten Punkte) wider (Bild 6.13). Hier zeigen der Algorithmus nach Ford und die Baumsuche bei kurzer Suchtiefe (c=3) vergleichbare Ergebnisse, da die Kantenzahl vergleichbar ist, während mit zunehmender Suchtiefe der Ford-Algorithmus deutliche Vorteile aufweist. Daß der Algorithmus nach Dijkstra im Vergleich zu Bild 6.12 nicht so überragend gute Ergebnisse zeigt, muß näher erklärt werden:

Das generelle Problem bei der Suche eines besten Weges, der sich durch ein <u>Maximum</u> der Kostenfunktion auszeichnet, ist bei der Anwendung des Algorithmus nach Dijkstra die Tatsache, daß diese Kostenfunktion von einer Konstanten subtrahiert werden muß, um den Algorithmus anwenden zu können. Hat aber diese Kostenfunktion für unterschiedliche Teilwege eine große Streuung des Wertebereiches, so muß die Konstante nach dem maximal möglichen Wert der Kostenfunktion bestimmt werden, damit keine negativen Kantenbewertungen auftreten können, was Voraussetzung für die Anwendung des Algorithmus ist. Liegen aber die Kosten der einzelnen Wege zur Expansion eines Knotens in vergleichbarer Größenordnung (sei es im Bereich hoher oder niedriger Gradienten), so expandiert der Algorithmus die Knoten in einer Breadth-First-Strategie und wirkt damit den eigentlichen Vorteilen des Algorithmus entgegen.

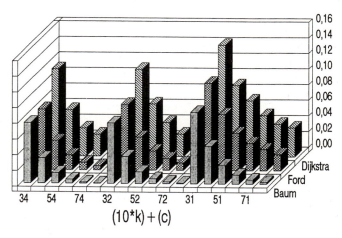

<u>Bild 6.13:</u> Erfolgsquote bei der Suche in Abhängigkeit vom Verfahren, von der Suchtiefe k und der maximal zulässigen Richtungsabweichung

Eben dieses Problem stellt sich hier, da ja die Suche im Bereich hoher Gradienten eben eher an den Gradientenmaxima orientiert sein soll, während im Bereich schwacher Gradienten die weiteren Merkmale entsprechend stärkere Berücksichtigung finden sollen. Selbst eine schwächere Berücksichtigung des Gradientenwertes durch einen zusätzlichen Gewichtungsfaktor für den Gradienten konnte die Streuung des Wertebereiches nicht genügend einschränken, ohne die Ergebnisse der Suche stark negativ zu beeinflussen.

Dieses Problem stellt sich eigentlich auch bei der Untersuchung in /MART76/, da der dort betrachtete Algorithmus A^* prinzipiell eine heuristische Erweiterung der Kandidatensuchfunktion des Verfahrens nach Dijkstra ist. Hier wird ebenfalls die Kostenfunktion von einer Konstanten M subtrahiert, nur tritt, bedingt durch das zugrunde liegende Bildmaterial und die sehr einfache Kostenfunktion (Grauwertdifferenz zweier Bildpunkte), dieses Verhalten nicht auf.

Durch eine Betrachtung der durchschnittlichen Zeit zur Bearbeitung einer Kante der Suchstruktur (Quotient aus der Zeit zur Bearbeitung einer Szene durch die Zahl der betrachteten Kanten) können - bei hier vergleichbarem Aufwand zur Berechnung der Kostenfunktion - der zusätzliche Rechenaufwand des Algorithmus und der Aufwand zur Durchquerung der Such(daten)struktur abgeschätzt werden. Hier zeigt sich (Bild 6.14), daß der Algorithmus nach Ford gegenüber der rekursiven Baumsuche einen geringfügig höheren Rechenaufwand erfordert. Dies ist begründet im zusätzlichen Aufwand zur Durchquerung der Datenstruktur des Graphen, was bei einer rekursiven Suche entfällt, da die Suchstruktur implizit durch die Rekursion gegeben ist.

Der Algorithmus nach Dijkstra benötigt einen höheren Zeitaufwand, der zudem mit der Weglänge k zunimmt. Dies ist darin begründet, daß jeweils nach Expansion eines Knotens der Knoten mit den geringsten Kosten zu suchen ist, um diesen als permanent zu markieren. Dies muß aber in der Menge aller temporären (nicht permanenten) Knoten geschehen bzw. hier in der Menge aller Knoten zwischen einem oberen und unteren Index. Da dieser Indexbereich durch den jeweils minimalen und maximalen Index aller bisher betrachteter Knoten bestimmt ist, die Knoten in der Reihenfolge der

Ebene des Graphen (Suchtiefe) abgelegt sind und der Algorithmus nach Dijkstra aus oben erwähnten Gründen die Wege zuerst in die Breite expandiert, wächst diese Indexmenge sehr schnell, so daß schon nach einer vergleichbar kleinen Zahl von Expansionen ein Großteil des Graphen nach dem Knoten mit minimalen Kosten zu durchsuchen ist. Abhilfe kann hier eine sortierte Kandidatenliste (siehe z. B. /DENA79/) schaffen, oder es kann eine Hash-Funktion benutzt werden, die den Inhalt der Kandidatenmenge auf entsprechende Positionen eines Sequenzvektors abbildet (/BRAU80/). Auf eine Implementierung wurde aufgrund des oben erwähnten Verhaltens des Algorithmus verzichtet.

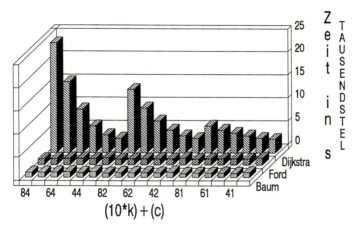

Bild 6.14: Durchschnittliche Rechenzeit zur Bearbeitung einer Kante der Suchstruktur in Abhängigkeit vom Verfahren, von der Suchtiefe k und der maximal zulässigen Richtungsabweichung

Abschließend soll die mittlere Zeit zum Auffinden eines neuen Wegpunktes betrachtet werden, da sie ein Maß ist für die Abschätzung der Rechenzeit bei Vorgabe der maximalen Zahl zu findender Punkte der Szene bzw. für die Abschätzung der notwendigen Rechenleistung bei beschränkter Zeit für die Suche. Auch sind wieder die Algorithmen miteinander zu vergleichen. Hierzu wurden die Algorithmen mit unterschiedlicher Suchtiefe k und maximal zulässiger Richtungsabweichung $c_{(max)}$ mit vier unterschiedlichen Parametrisierungen für die Startpunktsuche und die Kostenfunktion auf ein gradientengefiltertes Bild (Bild 3.1a mit tm -aorzf=

ftgrad7x7), das Kanten unterschiedlichster Qualität enthält (hoher bis sehr schwacher Kontrast, Spiegelungen, Reflexionen, Schatten, Bearbeitungsstreifen, ...) angewandt. Die Parametrisierungen waren

für alle Versuche:
- Schwelle für dominierende Kanten: 60 (fast die gesamte Außenkontur)
- Abbruch des Verfolgers bei Gradientenwert kleiner 5
- W_{Ram} = 0,7 (Standardwerte für unter-
- W_{Km} = 0,7 schiedlichste Szenen)
- W_{Summe} = 0 (neutral)
- W_{Betrag} = 0 (neutral)
- W_{Conn} = 4 (neutral)

	Versuch 1	Versuch 2	Versuch 3	Versuch 4
untere Schwelle zur Startpunktsuche:	20	25	25	60
Fenstergröße zur Startpunktsuche:	16x16	16x16	16x16	8x8
Nachbarschaftsmaß W_{Nm}:	50	50	1 (neutral)	50

Dabei wurde in Versuch 1 eine zu niedrige Schwelle für die Startpunktsuche gewählt, so daß sehr viele Suchvorgänge in Bereichen niedriger Gradienten durchzuführen waren (55 bis 217 bei einer Gesamtzahl von 305 bis 718 gefundenen Wegpunkten). Versuch 2 und 3 unterscheiden sich durch die Bevorzugung solcher Wege, die auf vorhandene Wege treffen bei einer sinnvollen Startpunktzahl (51..160 bei 235..557 Wegpunkten). Versuch 4 verfolgt nur die Wegenden der dominierenden Kanten, da keine zusätzlichen Startpunkte (gleiche Schwellen) vorhanden sind. Hier werden also nur wenige Suchvorgänge (8..66 bei 38..299 gefundenen Wegpunkten) in Bereichen relativ hoher Gradienten durchgeführt.

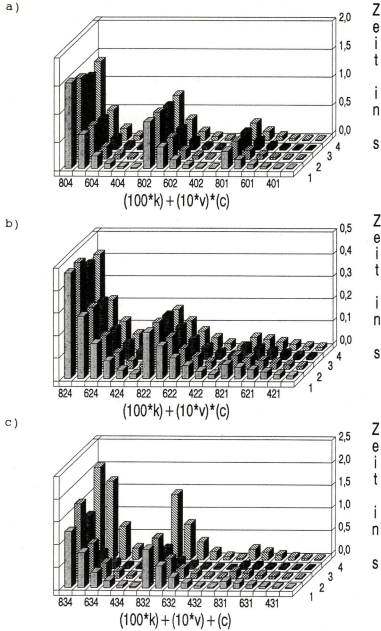

Bild 6.15: Durchschnittliche Rechenzeit zum Finden eines weiteren Wegpunktes in Abhängigkeit vom Verfahren (a: Baum; b: Ford; c: Dijkstra), von der Suchtiefe k und der maximal zulässigen Richtungsabweichung c bei vier unterschiedlichen Versuchen

Ein Vergleich der Ergebnisse der rekursiven Baumsuche (Bild 6.15a) mit dem Verfahren nach Ford (Bild 6.15b) zeigt einerseits, daß die Rechenzeiten unabhängig von der unterschiedlichen Parametrisierung, der Zahl der Startpunkte und einer nur partiellen Suche (bei Auftreffen auf vorhandene Wege) sind. Andererseits ist auch hier wieder der klare Zeitvorteil des Verfahrens nach Ford zu erkennen, das bei hoher Knotenzahl (8v4) einen Faktor 3, bei einer (sinnvollen) Beschränkung der zulässigen Richtungsabweichung (8v2) einen etwas höheren Faktor erbringt.

Das Verfahren nach Dijkstra (Bild 6.15c) ist grundsätzlich langsamer als der Algorithmus nach Ford, wobei hier auch die stark unterschiedlichen Rechenzeiten, abhängig von der Parametrisierung der Kostenfunktion und der Zahl der Startpunkte, auffallen. Hier geht ebenfalls wieder die hohe Rechenzeit des Verfahrens bei der Kandidatensuche ein, was natürlich dann besonders auffällt, wenn nur wenige Startpunkte in Bereichen starker Gradienten (Versuch 4) zu bearbeiten und damit relativ wenige Knoten zu expandieren sind (hohe Erfolgsquote).

Zusammenfassend ist festzustellen, daß bei der hier verwendeten komplexen Kostenfunktion, die zur Laufzeit des Algorithmus für jeden Bildpunkt neu zu berechnen ist, der Algorithmus nach Ford deutliche Rechenzeitvorteile gegenüber allen übrigen Algorithmen aufweist, obwohl er alle Knoten des Graphen expandieren muß. Die durchschnittliche Rechenzeit liegt selbst bei einer Suchtiefe von k=8 Bildpunkten unter 60 Millisekunden, da die Suche, wie zu Beginn des Abschnittes ausgeführt, auf eine maximale Richtungsabweichung von einem Bildpunkt beschränkt werden kann. Weitere Rechenzeitgewinne ergeben sich bei einer an die Szene angepaßten Suchtiefe, bei Codierung der zeitaufwendigen Algorithmenteile in Assembler und bei Verwendung eines schnelleren Prozessors. Die Verwendung eines 68020-Prozessors mit 25 Mhz Taktfrequenz erbringt beispielsweise ohne zusätzliche Programmänderung einen Faktor 5 in der Rechenzeit.

Zur weiteren Rechenzeitsteigerung kann der Einsatz einer MIMD-Architektur in Betracht gezogen werden, beispielsweise derart, daß die Szene in gleiche quadratische Bildbereiche aufgeteilt wird, die sich um die maximale Suchtiefe überlappen. Diesen Bildbereichen wird jeweils ein Prozessor zur Bearbeitung zugeteilt, der von einem zentralen Prozessor oder einer über diesem Prozessorfeld angeordneten pyramidalen Prozessorstruktur gesteuert wird. Dies hat den Vorteil, daß die Bilddatenströme und die Listen über einen gemeinsamen Bus in einen Zweiport-Speicher an den Prozessor gebracht werden können. Die Wegsuche erfolgt nun lokal durch jeden Prozessor. In den Überlappungsbereichen der Prozessoren können jeweils eine Wegsuche noch beendet und die Suche weiterer Teilwege an den Nachbarprozessor delegiert werden. Dies erfordert nur minimale Kommunikation zwischen den Prozessoren, so daß hier zunächst eine etwa linear mit der Zahl der Prozessoren steigende Suchgeschwindigkeit zu erwarten ist. Erst bei kleiner Fenstergröße steigt der Aufwand zur Kommunikation gegenüber der möglichen Weglänge im Fenster an, so daß hier eine weitere Steigerung der Prozessorzahl nicht mehr sinnvoll erscheint.

7 Zusammenfassung

Die Analyse industrieller Graubildszenen bei nichtstationärer Kamera erfordert eine Klassifizierung von Objekten aus beliebigen Ansichten. Für eine auf Objektkanten basierende Klassifizierung wurden im Rahmen dieser Arbeit schnelle Algorithmen zur Kantenhervorhebung, zur Linienverfolgung und Transformation des Linienbildes in eine für die dreidimensionale Bildinterpretation geeignete Datenstruktur untersucht. Ergebnis ist ein schnelles, parametriesierbares Verfahren, das eine heterarchische Interpretation der Szene unterstützt.

Aus der kritischen Diskussion heutiger Bildaufnehmer sowie der Randbedingungen bei der Bildaufnahme wird die Notwendigkeit der Regelung der Blendeneinstellung, der Beleuchtung und der Verstärkung des Bildsignals vor der A/D-Wandlung abgeleitet und eine von der bisherigen Norm abweichende Datenübertragung zum Verarbeitungssystem gefordert.

Da die Verarbeitungszeit im industriellen Bereich ein wesentlicher Parameter ist, geht dies sowohl in die Wahl der Algorithmen als auch geeigneter Rechnerarchitekturen ein. Daher wird an dieser Stelle auch ein Überblick über die für die schnelle Bildverarbeitung eingesetzten Rechnerarchitekturen (SIMD-, MIMD-, Pipeline-Architektur) gegeben.

Für die Kantenhervorhebung erfolgt zunächst eine Diskussion unterschiedlicher Filterverfahren, basierend auf Gradientenoperatoren. Da aus der Literatur kein geeignetes Verfahren zum qualitativen Vergleich unterschiedlicher Filterverfahren bei beliebiger Lage der Kante bekannt ist, wird ein Verfahren vorgestellt, das die Isotropie des Filterergebnisses nach Anwendung auf ideale Kanten unterschiedlicher Richtung anhand des Gradienten und der Gradientenrichtung mittels eines Polardiagrammes und einiger daraus hergeleiteter Parameter bewertet. Ein weiteres Verfahren erlaubt eine vergleichende Bewertung der Ergebnisse nach Anwendung der Filterverfahren auf reale Szenen.

Die Bewertung der Filterverfahren zeigt einerseits, daß Näherungsverfahren zur Bestimmung des Gradienten (Absolutversion und

Maximumversion) sehr schlechte Ergebnisse liefern. Die Template-matching-Verfahren sind bei recht hohem Rechenaufwand, allerdings regulärer Hardware-Struktur diesen Verfahren überlegen, aber dennoch erreichen sie gegenüber der exakten Bestimmung des Gradienten (Wurzelversion) nur schlechtere Ergebnisse. Andererseits ist es, wie die Bewertungsverfahren zeigen, zur Optimierung des Gesamtergebnisses wichtig, die Wertebereiche des Ergebnisbildes mittels der in dieser Arbeit vorgeschlagenen optimierten Streckung auf einen maximalen Wertebereich zu normieren. Dies hat gleichzeitig den Vorteil einer differenzierteren Parameterwahl bei den die Filterergebnisse verarbeitenden Algorithmen.

Aufbauend auf einer Diskussion von Verfahren zur Weiterverarbeitung und Verbesserung der Ergebnisse der Kantenhervorhebung, werden Verfahren vorgeschlagen, die im seriellen Bilddatenstrom (basierend auf den Gradienten und Gradientenrichtungen) die in der Szene vorhandenen Kanten auf die Breite eines Bildpunktes verdünnen. Mittels eines recht unkritischen Schwellwertverfahrens ist es dann möglich, alle dominierenden Kanten (meist alle Außenkonturen von Objekten) zu extrahieren und für eine Interpretation der Szene in einer Datenstruktur zur Verfügung zu stellen. Weiterhin wird eine für die Linienverfolgung geeignete Umcodierung des Bildes entwickelt, die gleichzeitig die Basisdatenstruktur für die Weiterverarbeitung der Szene erzeugt und mit dieser verknüpft wird. Diese Datenstruktur wird vorgestellt und anhand einiger Operationen auf der Datenstruktur (z.B. Geradenerkennung) diskutiert.

Ebenfalls im seriellen Datenstrom erfolgt die Extraktion von Startpunkten für eine Linienverfolgung der schwächeren Kanten. Dazu werden sowohl die Endpunkte der dominierenden Kanten als auch die wahrscheinlichsten Elemente schwächerer Kanten in sortierten Listen bereitgestellt.

Schließlich erfolgt die Diskussion unterschiedlicher Wegsuchalgorithmen. Diese schließen die noch vorhandenen Unterbrechungen der dominierenden Kanten und verfolgen weitere schwächere Kanten der Szene.

Dazu wird zunächst eine Einschränkung der theoretisch möglichen zu verfolgenden Wege auf die in dem vorliegenden Bildmaterial notwendigen Wege gemacht, mit dem Ziel, den Suchaufwand drastisch zu reduzieren und so in einen Rechenzeitbereich zu gelangen, der für eine industrielle Anwendung interessant wird.

Der Suchalgorithmus selbst soll weder Wissen über unterschiedliche Szenen enthalten noch über interne Heuristiken den Suchbereich einschränken. Daher wird hier eine multidimensionale Kostenfunktion vorgestellt, die von der übergeordneten Verarbeitung parametrisiert werden kann, um so neben der Bildinformation Wissen über globale oder lokale Merkmale der Kante (Geraden, gekrümmte Wegverläufe, hohe/niedrige Gradienten usw.) in die Suche einzubringen.

Weiterhin zeigten die Untersuchungen, daß es genügt, einen längeren Wegverlauf in eine Aneinanderreihung mehrerer Suchvorgänge nach Wegen einer Teillänge (beispielsweise von drei bis zehn Bildpunkten, je nach Wertebereich der Gradienten) aufzuteilen, was den Suchaufwand weiterhin mindert oder, bei gleichem Zeitaufwand, einen breiteren Suchbereich ermöglicht.

Zur Kantenverfolgung werden zunächst ein rekursiver und ein iterativer Suchalgorithmus untersucht, wobei ein ternärer Baum die zu verfolgenden Wege beinhaltet. Werden diese in einer speziellen Form als kreisfreier Graph dargestellt, der als Knoten nicht einen zu untersuchenden Bildpunkt, sondern eine Wegrichtung enthält, so führt dies zu einer weiteren Verminderung der Zahl der zu untersuchenden Knoten und somit zu einer zusätzlichen Rechenzeiteinsparung. Als erfolgversprechendste Algorithmen zur Verfolgung aller Wege zwischen einem Startpunkt und einer Menge von Zielknoten wurden die Algorithmen nach Ford (Iterationsverfahren) und nach Dijkstra (iterationsfreies Verfahren) implementiert.

Die Untersuchungen der Rechenzeit der Algorithmen ergaben deutliche Vorteile für den Algorithmus nach Ford, obwohl dieser Algorithmus nicht, wie das Verfahren nach Dijkstra, vorzeitig abgebrochen werden kann. Dies konnte auf die zeitaufwendige Kandidatensuche des Dijkstra-Algorithmus und die Tatsache, daß der Algorithmus im hier vorliegenden Fall den Graphen bei der Wegsuche meist in die Breite expandiert, zurückgeführt werden.

8 Literaturverzeichnis

Ins folgende Literaturverzeichnis sind nicht nur die in der Arbeit zitierten Literaturstellen, sondern auch viele weitere Veröffentlichungen zur Thematik der Kantenhervorhebung und Kantenextraktion aufgenommen.

* Diplomarbeiten sind Prüfungsunterlagen und deshalb nur mit Einschränkungen zugänglich.

/ABDO79/ Abdou, I.E./ Pratt, W.K.
 Quantitative Design and Evaluation of Enhancement - Thresholding Edge Detectors
 Proceedings of the IEEE, Vol. 67, May 1979, S. 753-763.

/ABEL77/ Abel, L.; Wahl, F.
 Ein digitales Verfahren zur Konturfindung und Störbeseitigung in Zellbildern
 GI Fachberichte Bd. 8: Digitale Bildverarbeitung, 1977.

/ABRA81/ Abramatic, J.F.
 Why the Simplest "Hueckel" Edge Detection is a Roberts Operator
 Computer Vision, Graphics, and Image Processing, Vol. 17, 1981, S. 79-83.

/AMIR81/ Amiri, H.
 Skelettierung von Grautonlinienbildern
 Modelle und Strukturen, DAGM-Symp. Hamburg Oktober 1981, Informatikfachberichte 49, Berlin, 1981, S. 312-318.

/ANDE85/ Anderson, T.A./ Kim, C.E.
 Representation of Digital Line Segments and Their Preimages
 Computer Vision, Graphics, and Image Processing, Vol. 30, 1985, S. 279-288.

/ARCE81/ Arcelli, C.
 Pattern Thinning by Contour Tracing
 Computer Vision, Graphics, and Image Processing, Vol. 17, 1981, S. 130-144.

/ARCE78/ Arcelli, C. / Massarotti, A.
 On the Parallel Generation of Straight Digital Lines
 Computer Graphics and Image Processing, Vol. 7, 1978, S. 67-83.

/ARTZ81/ Artzy, E./ Frieder, G./ Herman, G.T.
 The Theory, Design, Implementation and Evaluation of a Three-Dimensioal Surface Detection Algorithm
 Computer Vision, Graphics, and Image Processing, Vol. 15, 1981, S. 1-24.

/ASHK78/   Ashkar, G.P./ Modestino, J.W.
           The Contour Extraction Problem with Biomedical Applications
           Computer Graphics and Image Processing, Vol. 7, 1978, S. 331-355.

/BAIL82/   Bailey, F.N.
           A Matrix Operator Approach to Two-Dimensional Signal Processing
           IEEE Transactions on Systems, Man, and Cybernetics, Vol. SMC-12, No. 1, January/February 1982, S. 35-41.

/BEAU79/   Beaudet, P.R.
           Rotationally Invariant Image Operators
           Internal Documentation, 1979, S. 579-583.

/BELL58/   Bellmann, R.E.
           On a routing problem
           Quaterly of Applied Mathematics, Vol.16, 1958, S. 87-90.

/BERT83/   Bertolazzi, P./ Pirozzi, M.
           A Parallel Algorithm for the Optimal Detection of a Noisy Curve
           Computer Vision, Graphics, and Image Processing, Vol. 27, 1983, S. 380-386.

/BERZ84/   Berzins, V.
           Accuracy of Laplacian Edge Detectors
           Computer Vision, Graphics, and Image Porcessing, Vol. 27, 1984, S. 195-210.

/BIED85/   Biederman, I.
           Human Image Understanding: Recent Research and a Theory
           Computer Vision, Graphics, and Image Processing, Vol. 32, 1985, S. 29-73.

/BIRK79/   Birk, J./ Kelley, R./ Chen, N./ Wilson, L.
           Image Feature Extraction Using Diameter-Limited Gradient Direction Histograms
           Transactions on Pattern Analysis and Machine Intelligence, Vol. PAMI-1, No. 2, April 1979, S. 228-235.

/BLAN79/   Blanz, W.E./ Reinhardt, E.R.
           Neuer Konturfindungsalgorithmus
           Angewandte Szenenanalyse, DAGM-Symp. K'he 10.-12.Oktober 1979, Informatik-Fachberichte 20, Berlin 1979, S. 81-86.

/BOEH82/   Boehm, W.
           On Cubics: A Survey
           Computer Vision, Graphics, and Image Processing, Vol. 19, 1982, S. 201-226.

/BOLL86/   Bollhorst, R.W./ Besslich, P.W./ Schlueter, W.D.H.
           Low-Complexity Contour Detection
           Berichte Elektrotechnik, Universitaet Bremen, Report No. 3, 1986.

/BOUK85/   Boukharouba, S./ Rebordao, J.M./ Wendel, P.L.
           An Amplitude Segmentation Method Based on the Distribution Function of an Image
           Computer Vision, Graphics, and Image Processing, Vol. 29, 1985, S. 47-59.

/BOVI86/   Bovic, A.C./ Munson jr, D.C.
           Edge Detection Using Median Comparisons
           Computer Vision, Graphics, and Image Processing, Vol. 33, 1986, S. 377-389.

/BRAE71/   Braess, D.
           Die Bestimmung kürzester Pfade in Graphen und passende Datenstrukturen
           Computing, Bd. 8, 1971, S.171-181.

/BRAU80/   Braun, J.
           Adaptive Ermittlung kürzester Routen in Verkehrswegnetzen
           Schriftenreihe des Instituts für Verkehrsplanung und Verkehrswesen der TU München, H. 15, Bock u. Herchen, Bad Honnef, 1980.

/BROD66/   Brodatz, P.
           Textures, a Photographic Album for Artists & Designers
           Dover Publications, Inc., New York, 1966.

/BROO78/   Brooks, M.J.
           Rationalizing Edge Detectors
           Computer Graphics and Image Processing, Vol. 8, 1978, S. 277-285.

/BRYA79/   Bryant, D.J./ Bouldin, D.W.
           Evaluation of Edge Operators Using Relative and Absolute Grading
           IEEE Proceedings on Pattern Recognition and Image Processing, 1979, S. 138-145.

/BURO79/   Burow, M./ Wahl, F.
           Eine verbesserte Version des Kantendetektionsverfahrens nach Mero/Vassy
           Angewandte Szenenanalyse, DAGM-Symp K'he 10.-12.Oktober 1979, Informatik-Fachberichte 20, Berlin 1979, S. 36-42.

/BURR84/   Burr, D.J.
           A Fast Filtering Operator For Robot Stereo Vision
           IEEE Proceedings on Pattern Recognition and Image Processing, 1984, S. 669-672.

/BURT83/   Burt, P.J.
           Fast Algorithms for Estimating Local Image Properties
           Computer Vision, Graphics, and Image Processing, Vol. 21, 1983, S. 368-382.

/BURT81/   Burt, P.J.
           Fast Filter Transform for Image Processing
           Computer Graphics and Image Processing, Vol. 16, 1981, S. 20-51.

/CAEL87/   Caelli, T./ Nagendran, S.
            Fast Edge-Only Matching Techniques for Robot Pattern
            Recognition
            Computer Vision, Graphics, and Image Processing, Vol.
            39, 1987, S. 131-143.

/CANT71/   Cantoni, A.
            Optimal curve-fitting with piecewise linear functions
            IEEE Transactions on Computers, Vol. C-20, 1971, S.
            59-67.

/CANT83/   Cantoni, V./ Levialdi, S.
            Matching the Task to an Image Processing Architecture
            Computer Vision, Graphics, and Image Processing, Vol.
            22, 1983, S. 301-309.

/CAPE87/*   Capellmann, R. / Schneider, K.
            Untersuchung und Implementierung von Bestwegsuuchalgo-
            rithmen zur Kantenverfolgung in industriellen Szenen
            Diplomarbeit am Institut für Allgemeine Elektrotechnik
            und Datenverarbeitungssysteme der RWTH Aachen, Aachen
            1987.

/CAPS83/   Capson, D.W.
            An Improved Algorithm for the Sequential Extraction of
            Boundaries from Raster Scan
            Computer Vision, Graphics, and Image Processing, Vol.
            28, 1983, S. 109-125.

/CARR85/   Carrihill, B./ Hummel, R.
            Experiments with the Intensity Ratio Depth Sensor
            Computer Vision, Graphics, and Image Processing, Vol.
            32, 1985, S. 337-358.

/CHAK81/   Chakravarty, I
            A Single-Pass, Chain Generating Algorithm for Region
            Boundaries
            Computer Graphics and Image Processing, Vol. 15, 1981,
            S. 182-193.

/CHAS83/   Chassery, J.-M.
            Discrete Convexity: Definition, Parametrization and
            Compatibility with Continuous Convexity
            Computer Vision, Graphics, and Image Processing, Vol.
            21, 1983, S. 326-344.

/CHIE74/   Chien, Y.P./ Fu, K.S.
            A Decision Function Method for Boundary Detection
            Computer Graphics and Image Processing, Vol. 3, 1974,
            S. 125-140.

/CHIN83/   Chin, R.T./ Yeh, C.-L.
            Quantitative Evaluation of Some Edge-Preserving Noise-
            Smoothing Techniques
            Computer Vision, Graphics, and Image Processing, Vol.
            23, 1983, S. 67-91.

/CLOW71/   Clowes, M.B.
              On Seeing Things
              Artificial Intelligence, Vol. 2, No. 1, 1971, S. 79-
              116.

/CONT72/   Conte, S.D./ de Boor, C.
              Elementary Numerical Analysis
              McGraw-Hill, New York 1972, S. 191-273.

/COOP83/   Cooper, D./ Sung, F.
              Multiple-Window Parallel Adaptive Boundary Finding in
              Computer Vision
              IEEE Transactioons on Pattern Analysis and Machine In-
              telligence, Vol. PAMI-5, No. 3, May 1983, S. 299-316.

/CUSS82/   Cussons, S.
              A Real-Time Operator for the Segmentation of Blobs in
              Imaging Sensors
              Admiralty Surface Weapons Establishment, Portsmouth,
              UK, 1982, S. 51-57.

/DALL85/   Dallas, W.J.
              A Dynamically Programmed Blood Vessel Enhancing Opera-
              tor
              Computer Assisted Radiology, Proceedings of, Springer-
              Verlag 1985, S. 467-472.

/DANI81/   Danielsson, P.-E.
              Getting the Median Faster
              Computer Vision, Graphics, and Image Processing, Vol.
              17, 1981, S. 71-78.

/DAVI84/   Davies, E.R.
              Estimation of Edge Orientation by Template Matching
              IEEE Conf. on Pattern Recognition, Vol. 2, 1984, S.
              49-51.

/DAVI75/   Davis, L.S.
              A Survey of Edge Detection Techniques
              Computer Graphics and Image Processing, Vol. 4, 1975,
              S. 248-270.

/DAVI79/   Davis, L.S./ Johns, S.A./ Aggarwal, J.K.
              Texture Analysis Using Generalized Co-Occurence Mat-
              rices
              IEEE Transactions on Pattern Analysis and Machine In-
              telligence, Vol. PAMI-1, No 3, July 1979, S. 251-259.

/DAVI80/   Davis, L.S./ Mitiche, A.
              Edge Detection in Textures
              Computer Graphics and Image Processing, Vol. 12, 1980,
              S. 25-39.

/DAVI81/   Davis, L.S./ Mitiche, A.
              Edge Detection in Textures - Maxima Selection
              Computer Graphics and Image Processing, Vol. 16, 1981,
              S. 158-165.

/DENA79/   Denardo; Fox
           Shortest-Route Methods: 1. Reaching, Pruning and
           Buckets.
           Operations Researchh, Vol. 27, No.1, Jan./Feb. 1979,
           S. 161-186.

/DE_S83/   De Souza, Peter
           Edge Detection Using Sliding Statistical Tests
           Computer Vision, Graphics, and Image Processing, Vol.
           23, 1983, S. 1-14.

/DESS78/   Dessimoz, J.D.
           Visual Identification and Location in a Multi-Objekt
           Environment by Contour Tracking and Curvature Description
           Proc.of Int. Conf. on Industrial Robots, 1978, S. 764-777.

/DEUT78/   Deutsch, E.S./ Fram, J.R.
           A Quantitative Study of the Orientation Bias of Some
           Edge Detector Schemes
           IEEE Transactions on Computers, Vol. C-27, No. 3,
           March 1978, S. 205-213.

/DIJK59/   Dijkstra, E.W.
           A Note on Two Problems in Connexion with Graphs.
           Numerische Mathematik, Vol. 1, 1959, S. 269-271.

/DODD79/   Dodd, G.G./ Rossol, L.
           Computer Vision and Sensor-Based Robots
           Plenum Press, New York London 1979.

/DOMS71/   Domschke, W.
           Kürzeste Wege in Graphen: Algorithmen, Verfahrensvergleiche.
           Dissertation an der Fakultät für Geistes- und Sozialwissenschaften der TH Karlsruhe, Karlsruhe 1971.

/DOMS72/   Domschke, W.
           Kürzeste Wege in Graphen: Algorithmen, Verfahrensvergleiche.
           Mathematical Systems in Economics, Bd 2, 1972.

/DOND82/   Dondes, P./ Rosenfeld, A.
           Pixel Classification Based on Gray Level and Local
           "Busyness"
           IEEE Transactions on Pattern Analysis and Machine Intelligence, Vol. PAMI-4, No. 1, January 1982, S. 79-84.

/DÖRF73/   Dörfler, W. / Mühlbacher, J.
           Graphentheorie für Informatiker
           de Gruyter, Berlin, New York, 1973.

/DORO80/   Doros, M.
           Algorithms for Generation of Discrete Circles, Rings,
           and Disks
           Computer Graphics and Image Processing, Vol. 14, 1980,
           S. 366-371.

/DUDA79/   Duda, R.O./ Nitzan, D./ Barret, P.
            Use of Range and Reflectance Data to Find Planar Surface Regions
            IEEE Transactions on Pattern Analysis and Machine Intelligence, Vol. PAMI-1, No. 3, July 1979, S. 259-271.

/DUNC80/   Duncan, D./ Birk, J./ Kelley, R.
            Hardware Computation of Image Features based on Local Gradient Direction Diagramms
            10.Int. Symp. on Ind. Robots 1980 in Mailand, 1980, S. 369-379.

/DUNH86/   Dunham, J.D.
            Optimum Uniform Piecewise Linear Approximation of Planar Curves
            IEEE Transactions on Pattern Analysis and Machine Intelligence, Vol. PAMI-8, No. 1, Jan. 1986.

/EBER75/   Eberlein, R.B. / Weszka J.S.
            Mixtures of Derivative Operators as Edge Detectors
            Computer Graphics and Image Processing, Vol. 4, 1975, S. 180-183.

/EBER76/   Eberlein, R.B.
            An Iterative Gradient Edge Detection Algorithm
            Computer Graphics and Image Processing, Vol. 5, 1976, S. 245-253.

/EHRI81/   Ehrich, R.W./ Schroeder, F.H.
            Contextual Boundary Formation by One-Dimensional Edge Detection and Scan Line Matching
            Computer Graphics and Image Processing, Vol. 16, 1981, S. 116-149.

/ELLI81/   Elliott, H./ Srinivasan, L.
            An Application of Dynamic Programming to Sequential Boundary Estimation
            Computer Vision, Graphics, and Image Processing, Vol. 17, 1981, S. 291-314.

/ELLI82/   Elliott, H./ Cooper, D./ Cohen, F./ Symosek, P.
            Implementation, Interpretation, and Analysis of a Suboptimal Boundary Finding Algorithm
            IEEE Transactions on Pattern Analysis and Machine Intelligence, Vol. PAMI-4, No. 2, March 1982, S. 167-182.

/ELLI79/   Ellis, T.J./ Proffitt, D./ Rosen, D./ Rutkowski, W
            Measurement of the Length of Digitized Curved Lines
            Computer Graphics and Image Processing, Vol. 10, 1979, S. 333-347.

/ENGB83/   Engbersen, A.P.J.
            TOPPSY: A Time Overlapping Parallel Processing System
            Computer Vision, Graphics, and Image Processing, Vol. 24, 1983, S. 97-106.

/FALK72/ Falk, G.
Interpretation of Imperfect Line Data as Three-dimensional Scene
Artificial Intelligence, Vol. 3, No. 2, 1972, S. 101-144.

/FANG82/ Fang, J.-Q./ Huang T.S.
A Corner Finding Algorithm for Image Analysis and Registration
American Assosiation on Artificial Intelligence, National Conference, Pittsburgh PA August 1982, S. 46-49.

/FAVR83/ Favre, A./ Keller, H.
Parallel Syntactic Thinning by Recording of Binary Pictures
Computer Vision, Graphics, and Image Processing, Vol. 23, 1983, S. 99-112.

/FERR85/ Ferrari, L.A./ Skansky, J.
A Note on Duhamel Integrals and Running Average Filters
Computer Vision, Graphics, and Image Processing, Vol. 29, 1985, S. 358-360.

/FERR83/ Ferrari, L.A./ Sklansky, J.
A Fast Recursive Algorithm for Binary-Values Two-Dimensional Filters
Computer Vision, Graphics, and Image Processing, Vol. 26, 1983, S. 292-302.

/FISC81/ Fischler, M.A./ Tenenbaum, J.M./ Wolf, H.C.
Detection of Roads and Linear Structures in Low-Resolution Aereal Images Using a Multisource Knowledge Intergration Technique
Computer Graphics and Image Processing, Vol. 15, 1981, S. 201-223.

/FORD62/ Ford, L.R., Fulkerson, D.R.
Flows in Networks
Princeton University Press, 1962.

/FRAM75/ Fram, J.R./ Deutsch, E.S.
On the Quantitative Evaluation of Edge Detection Schemes and Their Comparison with Human Performance
IEEE Transactions on Computers, Vol. C-24, No. 6, June 1975, S. 616-628.

/FRAN83/ Franklin, W.R.
Rays - New Representation for Polygons and Polyhedra
Computer Vision, Graphics, and Image Processing, Vol. 22, 1983, S. 327-338.

/FREE61/ Freeman, H.
On the Encoding of arbitrary geometric configuration
IRE Transactions on Electronic Computers, Vol. EC-10, No. 2, June 1961, S. 260-268.

/FREE69/ Freeman, H./ Glass, J.M.
On quantization of line-drawing data
IEEE Transactions on Systems, Sience, And Cybernetics, Vol. SSC-5, 1969, S. 70-79.

/FREI77/ Frei, W./ Chen, C.-C.
Fast Boundary Detection: A Generalization and a New Algorithm
IEEE Transactions on Computers, Vol C-26, No. 10, October 1977, S. 988-998.

/FURS86/ Furst, M.A./ Caines, P.E.
Edge Detection with Image Enhancement via Dynamic Programming
Computer Vision, Graphics, and Image Processing, Vol. 33, 1986, S. 263-279.

/GEIS83/ Geisler, W.
Ein Modell zum Erlernen eines hinreichenden Verfahrens zur Suche und Verfolgung von Objektkonturen
Mustererkennung 83, 5. DAGM-Symp. Karlsruhe 1983, VDE Berlin Offenbach 1983, S. 266-271.

/GERR81/ Gerritsen, F.A./ Aaradema, L.G.
Design and use of DIP-1: a fast, flexible and dynamically programmabel pipelined image processor
Pattern Recognition, Vol. 14, 1981, S. 319-330.

/GERR83/ Gerritsen, F.A./ Verbeek, P.W.
Implemetation of Cellular-Logic Operators Using 3 * 3 Convolution and Table Lookup Hardware
Computer Vision, Graphics, and Image Processing, Vol. 27, 1983, S. 115-123.

/GEUE79/ Geuen, W./ Liedtke, C.-E.
Konturfindung auf der Basis des visuellen Konturempfindung des Menschen
Angewandte Szenenanalyse, DAGM-Symp. K'he 10.-12. Oktober 1979, Informatik-Fachberichte 20, Berlin 1979, S. 72-80.

/GEUE83/ Geuen, W./ Preuth, H.G./ Sarfert, T.
Bewertung von Segmentierungsverfahren
Mustererkennung 83, 5. DAGM-Symp. Karlsruhe 83, VDE-Verlag, Berlin Offenbach, 1983, S. 243-248.

/GIL 83/ Gil, B./ Mitiche, A./ Aggarwal, J.K.
Experiments in Combining Intensity and Range Edge Maps
Computer Vision, Graphics, and Image Processing, Vol. 21, 1983, S. 395-411.

/GLAS62/ Glass, B.
A line segment curve-fitting algorithm related to optimal encoding of information
Inform. contr., Vol. 5, 1962, S. 261-267.

/GRAN81/ Grant, G./ Reid, A.F.
An Efficient Algorithm for Boundary Trcing and Feature Extraction
Computer Vision, Graphics, and Image Processing, Vol. 17, 1981, S. 225-237.

/GRIF73/ Griffith, A.
Edge Detection in Simple Scenes Using A Priori Information
IEEE Transactions on Computers, Vol. C-22, No.4, April 1973, S. 371-381.

/GRIM85/ Grimson, W.E.L./ Hildreth, E.C.
Comments on "Digital Step Edges from Zero Crossings of Second Directional Dericatives
IEEE Transactions on Pattern Analysis and Machine Intelligence, Vol. PAMI-7, No. 1, January 1985, S. 121-129.

/GRIT83/ Gritton, C.W.K./ Parrish, E.
Boundary Location from an Initial Plan: The Bead Chain Algorithm
IEEE Transactions on Pattern Analysis and Machine Intelligence, Vol.PAMI-5, January 1983, S. 8-13.

/GROC82/ Groch, W.-D.
Extraction of Line Shape Objects from Aerial Images Using a Special Operator to Analyze the Profiles of Functions
Computer Vision, Graphics, and Image Processing, Vol. 18, 1982, S. 347-358.

/GU 85/ Gu, W.K./ Huang, T.S.
Connected Line Drawing Extraction from a Perspective View of a Polyhedron
IEEE Transactions on Pattern Analysis and Machine Intelligence, Vol. PAMI-7, No. 4, July 1985, S. 422-430.

/GUZM68/ Guzman, A.
Decomposition of a Visual Szene into Three-dimensional Bodies
AFIPS (American Federation of Information Processing Societies), Proc. Fall Joint Computer Conf., Vol. 33, 1968, S. 291-304.

/HABE85/ Haberäcker, P.
Digitale Bildverarbeitung: Grundlagen und Anwendungen
Carl Hanser-Verlag, München, Wien, 1985

/HALL79/ Hall, E.L.
Computer image processing and recognition
Academic Press, New York London 1979.

/HARA81/ Haralick, R.M.
The Digital Step Edge
Departments of Electrical Engineering and Computer Science, Virginia Polytechnic Institute and State University, 1981.

/HARA84/ Haralick, R.M.
Digital Step Edges from Zero Crossing of Second Directional Derivates
IEEE Transactions on Pattern Analysis and Machine Intelligence, Vol. PAMI-6, No. 1, 1984, S. 58-68.

/HART85/ Hartley, R.
A Gaussian-Weighted Multiresolution Edge Detector
Computer Vision, Graphics, and Image Processing, Vol. 30, 1985, S. 70-83.

/HART81/ Hartmann, G./ Krasowski, H./ Schmid, R.
Ein rekursives Linien- und Kantendetektionsverfahren
Modelle und Strukturen, DAMG-Symposium Hamburg Oktober 1981, Informatikfachberichte 49, Berlin 1981, S. 343-349.

/HART83/ Hartmann, G.
Erzeugung und Verarbeitung hierarchisch codierter Konturinformation
Mustererkennung 83, 5. DAGM-Symp. Karlsruhe 1983, VDE Berlin Offenbach 1983, S. 378-383.

/HAUS79/ Haussmann, G.
Kantendetektion in granulationsverauschten Hologrammkonstruktionen
Angewandte Szenenanalyse, DAGM-Symposium K'he 10.-12.Oktober 1979, Informatik-Fachberichte 20, Berlin 1979, S. 94-100.

/HAWK78/ Hawkes, P.W.
Electron Image Processing: A Survey
Computer Graphics and Image Processing, Vol. 8, 1978, S. 406-446.

/HAYN83/ Haynes, S.M./ Jain, R.
Detection of Moving Edges
Computer Vision, Graphics, and Image Processing, Vol. 21, 1983, S. 345-367.

/HERB81/ Herbison-Evans, D.
A Fast Algorithm for Finding Lines in Pictures
Computer Graphics and Image Processing, Vol. 17, 1981, S. 281-289.

/HEYG82/ Heygster, G.
Rank Filters in Digital Image Processing
Computer Vision, Graphics, and Image Processing, Vol. 19, 1982, S. 148-164.

/HILD83/ Hildreth, E.C.
The Detection of Intensity Changes by Computer and Biological Vision Systems
Computer Vision, Graphics and Image Processing, Vol. 22, 1983, S. 1-27.

/HO 83/   Ho, C.-S.
            Precision of Digital Vision Systems
            IEEE Transactions On Pattern Analysis And Machine Intelligence, Vol. PAMI-5, No. 6, November 1983, S. 593-601.

/HOLL79/   Holland, S.W./ Rossol, L./ Ward, M.R.
            CONSIGHT-1: A Vision-Controlled Robot System for Transfering Parts from Belt Conveyors
            Dodd, G.G./Rossol, L., Compter Vision and Sensor-Based Robots, New York London 1979, S. 81-95.

/HONG82/   Hong, T.-H./ Shneier, M./ Rosenfeld, A.
            Border Extraction Using Linked Edge Pyramids
            IEEE Transactions on Systems, Man, and Cybernetics, Vol. SMC-12, No. 5, Semptember/October 1982, S. 660-668.

/HUEC71/   Hueckel, M.H.
            An Operator Which Locates Edges in Digitized Pictures
            Journal of the Association for Computig Machinery, Vol. 18, No. 1, January 1971, S. 113-125.

/HUEC73/   Hueckel, M.H.
            A Local Visual Operator Which Recognizes Edges and Lines
            Journal of the Association for Computig Machinery, Vol. 20, No. 4, October 1973, S. 634-647.

/HUFF71/   Huffman, D.A.
            Impossible Objects as Nonsense Sentences.
            Machine Intelligence, Vol. 6, Meltzer, B./ Mitchie. D. (eds.),
            Edinburgh University Press, Edinburgh, 1971, S. 295-323.

/HUNG85/   Hung, S.H.Y.
            On the Straightness of Digital Arcs
            IEEE Transactions on Pattern Analysis and Machine Intelligence, Vol. PAMI-7, No. 2, March 1985, S. 203-215.

/HWAN83/   Hwang, K./ Su, A.-P.
            VLSI Architectures for Feature Extraction and Pattern Classification
            Computer Vision, Graphics, and Image Processing, Vol. 24, 1983, S. 215-228.

/ICHI81/   Ichikawa, T.
            A Pyramidal Representation of Images ad Its Feature Extraction Facility
            IEEE Transactions on Pattern Analysis and Machine Intelligence, Vol. PAMI-3, No. 3, May 1981, S. 257-264.

/IKON82/   Ikonomopoulos, A.
            An Approach to Edge Detections Based on the Direction of Edge Elements
            Computer Vision, Graphics, and Image Processing, Vol. 19, 1982, S. 179-195.

/INIG84/   Inigo, R.M./ McVey, E.S./ Berger, B.J./ Wirtz, M.J.
            Machine Vision Applied to Vehicle Guidance
            IEEE Transactions on Pattern Analysis and Machine Intelligence, Vol. PAMI-6, No. 6, November 1984, S. 820-826.

/JACO81/   Jacobus, C./ Chien, R.T.
            Intermediate-Level Vision -- Building Vertex-String-Surface -- (V-S-S) Graphs
            Computer Graphics and Image Processing, Vol. 15, 1981, S. 339-363.

/JACO81/   Jacobus, C.J./ Chien, R.T.
            Two New Edge Detectors
            IEEE Transactions on Pattern Analysis and Machine Intelligence, Vol. PAMI-3, No. 5, September 1981, S. 581-592.

/JAIN80/   Jain, R.J./ Rheaume D.
            A Two-Stage Method for Fast Edge Detection
            Computer Graphics and Image Processing, Vol. 14, 1980, S. 177-181.

/JUNG84/   Jungmann, B.
            Segmentierung mit morphologischen Operationen
            Mustererkennung 1984, DAGM-Symp. Graz, 2.-4. Okt. 1984, Proceedings Informatik-Fachberichte 87, Berlin 1984, S. 77-83.

/KAPU85/   Kapur, J.N./ Sahoo, P.K./ Wong, A.K.C.
            A New Method for Gray-Level Picture Thresholding Using the Entropy of the Histogram
            Computer Vision, Graphics, and Image Processing, Vol. 29, 1985, S. 273-285.

/KAUF71/   Kaufmann, A.
            Einführung in die Graphentheorie
            Oldenburg-Verlag, München, Wien, 1971.

/KASV75/   Kasvand, T.
            Iterative Edge Detection
            Computer Graphics and Image Processing, Vol. 4, 1975, S. 279-286.

/KAUT83/   Kautsky, J./ Nichols, N.K./ Jupp, D.L.B.
            Smoothed Histogram Modification for Image Processing
            Computer Vision, Graphics, and Image Processing, Vol. 26, 1983, S. 271-291.

/KEIL84/   Keil, R.E.
            Survey of Off-The-Shelf Imaging Systems
            Applied Machine Vision, Conference Proceedings Society of Manufacturing Engineers, Dearborn Michigan 1984, S. 1.10-1.27.

/KITC81/   Kitchen, L./ Rosenfeld, A.
            Edge Evaluation Using Local Edge Coherence
            IEEE Transactions on Systems, Man, and Cybernetics, Vol. SMC-11, No. 9, September 1981, S. 597-605.

/KITT85/   Kittler, J./ Illingworth, J./ Foeglein, J
           Thresholding Selection Based on a Simple Image Statistic
           Computer Vision, Graphics, and Image Processing, Vol. 30, 1985, S. 125-147.

/KITT83/   Kittler, J./ Illingworth, J./ Paler, K.
           The Magnitude Accuracy Of The Template Edge Detector
           Pattern Recognition, Vol. 16, No. 6, 1983, S. 607-613.

/KITT85/   Kittler, J./ Duff, M.J.B.
           Image Processing System Architectures
           Research Studies Press Ltd., Letchworth 1985.

/KOHL81/   Kohler, R.
           A Segmentation System Based on Thresholding
           Computer Graphics and Image Processing, Vol. 15, 1981, S. 319-338.

/KORN85/   Korn, A./ Erdtel, C.
           Kombination verschiedener Filterkanäle zur Optimierung einer Merkmalsrepräsentation im Bildbereich
           Niemann, H. (Hrsg.), Mustererkennung 1984, 7. DAGM-Symposium, Proceedings, Berlin Heidelberg New York 1985, S. 105-111.

/KRIN84/   Kringler, W./ Reinhardt, E.R.
           Arrayprozesssor fuer nichtlineare Bildfilterungen in Echtzeit
           Mustererkennung 1984, 6. DAGM Symp. Graz, 2.-4. Okt. 1984, Proceedings Informatik-Fachberichte 87, Berlin 1984, S. 170-176.

/KRUG81/   Kruger, R.P. Thompson, W.B.
           A Technical and Economic Assessment of Computer Vision for Industrial Inspection and Robotic Assembly
           Prooc. of the IEEE, Vol. 69, No.12, December 1981, S. 1524-1538.

/KRUS83/   Krusemark, S./ Haralick, R.M.
           An Operating Sytem Interface for Transportable Image Processing Software
           Computer Vision, Graphics, and Image Processing, Vol. 23, 1983, S. 42-66.

/KU 83/   Ku, F.-N.
           The Principles and Methods of Histogram Modification Adapted for Visual Perception
           Computer Vision, Graphics, and Image Processing, Vol. 26, 1983, S. 107-117.

/KUGL79/   Kugler, J./ Wahl, F.
           Kantendetektion mit lokalen Operatoren
           Angewandte Szenenanalyse, DAGM-Symp. K'he 10.-12.Okt. 1979, Informatik-Fachberichte 20, Berlin 1979, S. 25-35.

/KUHL83/   Kuhl, F.P./Mitchell, O.P./Gleen, M.E./Charpentier, J.D.
             Global Shape Recognition of 3-D Objects Using a Diffe-
             rential Libary Storage
             Computer Vision, Graphics, and Image Processing, Vol.
             27, 1983, S. 97-114.

/KULK82/   Kulkani, A.V./ Yen, D.W.L.
             Systolic Processing and an Implementation for Signal
             and Image Processing
             IEEE Transactions on Computers, Vol. C-31, No. 10,
             1982, S. 1000-1009.

/KULP79/   Kulpa, Z.
             On the Properties of Discrete Circles, Rings and Disks
             Computer Graphics and Image Processing, Vol. 10, 1979,
             S. 348-365.

/KULP79/   Kulpa, Z.
             A Note on the Paper by B.K.P. Horn : "Circle Genera-
             tors for Display Devices"
             Computer Graphics and Image Processing, Vol. 9, 1979,
             S. 102-103.

/KULP79/   Kulpa, Z.
             Comments on : "A Note on the Paper by B.K.P. Horn
             Computer Graphics and Image Processing, Vol. 9, 1979,
             S. 104.

/KULP83/   Kulpa, Z.
             More about Areas and Perimeters of Quantized Objects
             Computer Vision, Graphics, and Image Processing, Vol.
             22, 1983, S. 268-276.

/KULP83/   Kulpa, Z./ Kruse, B.
             Algorithms for Circulare Propagation in Discrete
             Images
             Computer Vision, Graphics, and Image Processing, Vol.
             24, 1983, S. 303-328.

/KUND85/   Kundu, M.K./ Chaudhuri, B.B./ Majumder, D.D.
             A Generalised Digital Contur Coding Scheme
             Computer Vision, Graphics, and Image Processing, Vol.
             30, 1985, S. 269-278.

/KUNG84a/   Kung, H.T.
             Systolic Algorithms for the CMU Warp-Processor
             Proceedings of the 7th International Conference on
             Pattern Regocnition, Montreal 1984, Vol. 1, S. 570-
             577.

/KUNG84b/   Kung, H.T./Picard, R.L.
             One-Dimensional Systolic Arrays for Multidimensional
             Convolution and Resampling
             VLSI for Pattern Recognition and Image Processing,
             Springer-Verlag, Heidelberg Berlin New York 1984, S.
             9-24.

/KURO82/   Kurozumi, Y./ Davis, W.A.
           Polygonal Approximation by the Minimax Method
           Computer Vision, Graphics, and Image Processing 19,
           1982, S. 248-264.

/LAND83/   Landy, M.S./ Cohen, Y./ Sperling, G.
           HIPS: A Unix-Based Image Processing System
           Computer Vision, Graphics, and Image Processing, Vol.
           25, 1983, S. 331-347.

/LAWS80/   Laws, K.I.
           Rapid texture identification
           SPIE Image Processing for Missile Guidance, Vol. 238,
           1980, S. 376-380.

/LEE 83/   Lee, C.C.
           Elimination of Redundant Operations for a Fast Sobel
           Operator
           IEEE Transactions on Systems, Man, and Cybernetics,
           Vol. SMC-13, No. 3, March/April 1983, S. 242-245.

/LEE 81/   Lee, J.-S.
           Refined Filtering of Image Noise Using Local Statistics
           Computer Graphics and Image Processing, Vol. 15, 1981,
           S. 380-389.

/LEE 83/   Lee, J.-S.
           Digital Image Smoothing and the Sigma Filter
           Computer Vision, Graphics, and Image Processing, Vol.
           24, 1983, S. 255-269.

/LÖSC85/   Löschner, J.G.
           Algorithmen und Datenstrukturen für die Wegesuche im
           Haltestellennetz eines Bedarfsbussystems
           Dissertation RWTH Aachen, 1985.

/MACL70/   Macleod, D.G.
           On finding structure in pictures
           Picture Language Machines, S. Kaneff, ed., New York
           1970, P. 231.

/MAGE85/   Magee, M.J./ Aggarwal, J.K.
           Using Multisensory Images to Derive the Structure of
           Three-Dimenaional Objects - A Review
           Computer Vision, Graphics, and Image Processing, Vol.
           32, 1985, S. 145-157.

/MAGG87/[*] Maggioni, Ch. / Schneider K.
           Untersuchung von Algorithmen zur Kantenverfolgung und
           Datenreduktion aus vorverarbeiteten Grauwertbildern
           Diplomarbeit am Institut für Allgemeine Elektrotechnik
           und Datenverarbeitungssysteme der RWTH Aachen, Aachen
           1987.

/MARK80/   Marks, P.
           Low-Level Vision Using an Array Processor
           Computer Graphics and Image Processing, Vol. 14, 1980,
           S. 281-292.

/MARR80/ Marr, D./ Hildreth, E.
Theory of edge detection
Proc. R. Soc. Lond. B, Vol. 207, 1980, S. 187-217.

/MART76/ Martelli, A.
An Application of Heuristic Search Methods to Edge and Contour Detection
Communications of the ACM, Vol. 19, No. 2, February 1976, S. 73-83.

/MC_I84/ Mc Ilroy, C.D./ Monteith, W./ Linggard, R.
Real-Time Edge Detection for Image Processing
Proceedings of the 7th International Conference on Pattern Recognition Montreal 1984, Vol. 2, S. 1188-1190.

/MCDO81/ McDonnell, M.J.
Box-Filtering Techniques
Computer Vision, Graphics, and Image Processing, Vol. 17, 1981, S. 65-70.

/MEHL77/ Mehlhorn, K.
Effiziente Algorithmen
Teubner, 1977.

/MERO75/ Mero, L./ Vassy Z.
A simplified and fast version of the Hueckel operator for finding edges in pictures
in Proc. 4th IJCAI, Tbilisi, Georgia, USSR, 1975.

/MERO81/ Mero, L.
An Optimal Line Following Algorithm
IEEE Transactions on Pattern Analysis and Machine Intelligence, Vol. PAMI-3, No. 5, September 1981, S. 593-598.

/MINS70/ Minsky, M./ Papert, S.
1968-1969 Progress Report
Report AIM-200, AI Laboratory, MIT, 1970.

/MINT57/ Minty, G.J.
A Comment on the Shortest Route Problem.
Operations Research, Vol. 14, 1966, S. 724.

/MITI83a/ Mitiche, A./ Aggarwal, J.K.
Contour Registration by Shape-Specific Points for Shape Matching
Computer Vision, Graphics, and Image Processing, Vol. 22, 1983, S. 396-408.

/MITI8b/ Mitiche, A./ Aggarwal, J.K.
Detection of Edges Using Range Information
IEEE Transactions on Pattern Analysis and Machine Intelligence, Vol. PAMI-5, No. 2, March 1983, S. 174-178.

/MONT70/   Montanari, U.
           A Note on Minimal Length Polygonal Approximation to a
           Digitized Contour
           Communications of the ACM, Vol. 13, No. 1, January
           1970, S. 41-47.

/MONT71/   Montanari, U.
           On the Optimal Detection of Curves in Noisy Pictures
           Communications of the ACM, Vol. 14, No. 5, May 1971,
           S. 335-345.

/MOOR57/   Moore, E.F.
           The shortest path through a maze
           Proc. Int. Symp. on the Theory of Switching, Part II,
           April 1957, S. 285-292.

/MORG81a/ Morganthaler, D.G.
           A New Hybrid Edge Detection
           Computer Graphics and Image Processing, Vol. 16, 1981,
           S. 166-176.

/MORG81b/ Morgenthaler, D.G./ Rosenfeld, A.
           Multidimensional Edge Detection by Hypersurface Fitting
           IEEE Transactions on Pattern Analysis and Machine Intelligence, Vol. PAMI-3, No. 4, July 1981, S. 482-486.

/MORI73/   Mori, S./ Monden, Y./ Mori, T.
           Edge Representation in Gradient Space
           Computer Graphics and Image Processing, Vol. 2, 1973,
           S. 321-325.

/MORI82/   Mori, S./ Doh, M.
           A Sequential Tracking Extraction of Shape Feature and
           Its Constructive Description
           Computer Vision, Graphics, and Image Processing, Vol.
           19, 1982, S. 349-366.

/NAGA79/   Nagao, M./ Matsuyama, T.
           Edge Preserving Smoothing
           Computer Graphics and Image Processing, Vol. 9, 1979,
           S. 394-407.

/NAKA85/   Nakamura, A./ Aizawa, K.
           Digital Images of Geometric Pictures
           Computer Vision, Graphics, and Image Processing, Vol.
           30, 1985, S. 107-120.

/NARA82/   Narayanan, K.A./ O'Leary, D.P./ Rosenfeld, A.
           An Optimization to Edge Reinforcement
           IEEE Transactions on Systems, Man, and Cybernetics,
           Vol. SMC-12, No. 4, July/August 1982, S. 551-553.

/NARE81/   Narendra, P.M.
           A Separable Median Filter for Image Noise Smoothing
           IEEE Transactions on Pattern Analysis and Machine Intelligence, Vol. PAMI-3, No. 1, January 1981, S. 20-29.

/NEUM75/ Neumann, K.
Graphentheorie und Netzplantechnik, Operations Research Verfahren, Band III
Carl Hanser-Verlag, 1975.

/NEVA77/ Nevatia, R.
Evaluation of a Simplified Hueckel Edge-Line Detector
Computer Graphics and Image Processing, Vol. 6, 1977, S. 582-588.

/NEVA80/ Nevatia, R./ Babu, K.R.
Linear Feature Extraction and Description
Computer Graphics and Image Processing, Vol. 13, 1980, S. 257-269.

/NEWM73/ Newman, T./ Dirilten, H.
Nonlinear Transformation for Digital Picture Processing
IEEE Transactions on Computers, Vol. C-22, No. 9, September 1973, S. 869-875.

/NEY 81/ Ney, H.
Konturbestimmung in Bildern mit dynamischer Programmierung
Modelle und Strukturen, DAGM-Symp. Hamburg Okt. 1981, Informatikfachberichte 49, Berlin 1981, S. 319-326.

/NICH66/ Nicholson, T.A.J.
Finding the shortest route between two points in a network
The Computer Journal, Vol. 9, 1966, S. 275-280.

/NISH82/ Nishihara, S./ Ikeda, K.
False-Contour Removal by Random Blurring
Computer Vision, Graphics, and Image Processing, Vol. 20, 1982, S. 391-397.

/OLIV81/ Oliviero, A./ Scarpetta, G.
A New Approach to Contour Coding
Computer Graphics and Image Processing, Vol. 15, 1981, S. 87-92.

/OTTO81/ Otto, G.P./ Reynolds, D.E.
Counting Hardware for Parallel Processors
Computer Vision, Graphics, and Image Processing, Vol. 17, 1981, S. 185-186.

/PAGE84/ Page, G.J.
Vision driven stack picking in a FMS cell
Pough, A. (ED.), Proc. of the 4th Intern. Conf. on Robot Vision and Sensory Controls IFS Publications Ltd., Kempston Bedford.

/PAL 83/ Pal, S.K./ King, R.A.
On Edge Detection of X-Ray Images Using Fuzzy Sets
IEEE Trans. on Pattern Analysis and Machine Intelligence, Vol. PAMI-5, No. 1, January 1983, S. 69-77.

/PAVL78/   Pavlidis, T.
           A Review of Algorithms for Shape Analysis
           Computer Graphics and Image Processing, Vol. 7, 1978,
           S. 243-258.

/PAVL80/   Pavlidis, T.
           A Thinning Algorithm for Discrete Baniary Images
           Computer Graphics and Image Processing, Vol. 13, 1980,
           S. 142-157.

/PAVL82/   Pavlidis, T.
           An Asynchronous Thinning Algorithm
           Computer Vision, Graphics, and Image Processing, Vol.
           20, 1982, S. 133-157.

/PAVL76/   Pavlidis, T.
           Structural Pattern Recognition
           Springer-Verlag, Berlin Heidelberg New York 1976.

/PAVL82/   Pavlidis, T.
           Algorithms for Graphics and Image Processing
           Springer-Verlag, Berlin Heidelberg New York 1982.

/PELE81/   Peleg, S./ Rosenfeld, A.
           A Min-Max Medial Axis Transformation
           IEEE Transactions on Pattern Analysis and Machine Intelligence, Vol. PAMI-3, No. 2, March 1981, S. 208-210.

/PELI82/   Peli, T./ Malah, D.
           A Study of Edge Detection Algorithms
           Computer Vision, Graphics, and Image Processing, Vol.
           20, 1982, S. 1-21.

/PERK73/   Perkins, W.A./ Binford, T.O.
           A Corner Finder for Visual Feedback
           Computer Graphics and Image Processing, Vol. 2, 1973,
           S. 355-376.

/PERK80/   Perkins, W.A.
           Area Segmentation of Images Using Edge Points
           IEEE Transactions on Pattern Analysis and Machine Intelligence, Vol. PAMI-2, No. 1, January 1980, S. 8-15.

/PERS76/   Persoon, E.
           A New Edge Detection Algorithm and Its Applications in
           Picture Processing
           Computer Graphics and Image Processing, Vol. 5, 1976,
           S. 425-446.

/PODI79/   Podien, W.
           Bewertung von Konturfindungsalgorithmen
           Studienarbeit, Inst.: Theoretische Nachrichtentechnik
           und Informationsverarbeitung, Uni Hannover, 1979.

/POEP80/ Poeppl, S.J./ Hermann, G./ Schedy, M./ Schedy, H.
Untersuchung von Filter- und Konturfindungsalgorithmen auf projizierten Koerperhantomen mit ueberlagerter Poissonstatistik
Erzeugung und Analyse von Bildern und Strukturen, DGaO-DAGM Tagung Essen, Mai 1980, Informatikfachberichte 29, Springer-Verlag, Berlin, S. 172-183.

/POGG85/ Poggio, T.
Early Vision: From Computeral Structure to Algorithms and Parallel Hardware
Computer Vision, Graphics, and Image Processing, Vol. 31, 1985, S. 139-155.

/PREU81/* Preuth, H.-G.
Bewertung von Konturfindungsalgorithmen auf der Basis eines Linienvergleichs
Diplomarbeit, Inst.: Theoretische Nachrichtentechnik und Informationsverarbeitung, Uni Hannover 1981.

/PROF79/ Proffitt, D./ Rosen, D.
Metrication Errors and Coding Efficiency of Chain-Encoding Schemes for the Representation of Lines and Edges
Computer Graphics and Image Processing, Vol. 10, 1979, S. 318-332.

/PUGH86a/ Pugh, A.
Second Generation Robotics
Pugh, A., Robot Sensors, Vol. 1: Vision, Springer-Verlag, Berlin Heidelberg New York 1986, S. 3-10.

/PUGH86b/ Pugh, A.
Robot Sensors, Vol. 1: Vision
Springer-Verlag, Berlin Heidelberg New York 1986.

/PUN 81/ Pun, T.
Entropic Thresholding, A New Approach
Computer Graphics and Image Processing, Vol. 16, 1981, S. 210-239.

/RADA82/ Radack, G.M./ Badler, N.
Jigsaw Puzzle Matching Using a Boundary-Centered Polar Encoding
Computer Vision, Graphics, and Image Processing, Vol. 19, 1982, S. 1-17.

/RAME75/ Ramer, U.
Extraction of Line Structures from Photographs of Curved Objects
Computer Graphics and Image Processing, Vol. 4, 1975, S. 81-103.

/REEV81/ Reeves, A.P.
Response to "A Note on Bit-Counting Hardware for Parallel Processors"
Computer Vision, Graphics, and Image Processing, Vol. 17, 1981, S. 187-188.

/REEV82/   Reeves, A.P.
           The Local Median and Other Window Operation on SIMD Computers
           Computer Vision, Graphics, and Image Processing, Vol. 19, 1982, S. 165-178.

/REUM74/   Reumann, K./ Witkam, A.P.M.
           Optimizing curve segmentation in computer graphics
           International Computer Symposium, American Elsevier, New York 1974, S. 467-472.

/RIEG79/   Rieger, B.
           Skelettierungsverfahren fuer die automatische Schreibererkennung
           Angewandte Szenenanalyse, DAGM-Symp. K'he 10.-12. Okt. 1979, Informatik-Fachberichte 20, Berlin 1979, S. 168-179.

/ROBE85/   Roberge, J.
           A Data Reduction Algorithm for Planar Curves
           Computer Vision, Graphics, and Image Processing, Vol. 29, 1985, S. 168-195.

/ROBE65/   Roberts, L.G.
           Machine Perception of Three-Dimensional Solids
           Optical and Elector-Optical Processing of Information, Chapter 9, MIT Press, Cambridge Mass. 1965, S. 159-197.

/ROBI77/   Robinson, G.S.
           Edge Detection by Compass Gradient Masks
           Computer Graphics and Image Processing, Vol. 6, 1977, S. 492-501.

/ROBI83/   Robinson, I.N./ Corry, A.G.
           VLSI Architectures For Low-Level Image Processing
           Technical Note, Hirst Research Centre, Wembley, UK, 1983.

/ROOK83/   Rooks, B.
           Developments in Robotics 1983
           IFS Publications Ltd, 1983.

/ROSE81/   Rosenfeld, A.
           The Max Roberts Operator is a Hueckel-Type Edge Detector
           IEEE Transactions on Pattern Analysis and Machine Intelligence, Vol. PAMI-3, No. 1, January 1981, S. 101-103.

/ROSE71/   Rosenfeld, A./ Thurston, M.
           Edge and Curve Detection for Visual Scene Analysis
           IEEE Transactions on Computers, Vol. C-20, No. 5, May 1971, S. 562-569.

/ROSE76/   Rosenfeld, A./Hummel, R.A./ Zucker, S.W.
           Szene Labeling by Relaxation Operations
           IEEE Transactions on System, Man, and Cybernetics, Vol. SMC-6, No. 6, 1976, S. 420-432.

/ROY 82/   Roy, A./ Sutro, L.L.
           Simulation of Two Forms of Eye Motion and Its Possible
           Implication for the Automatic Recognition of Three-
           Dimensional Objects
           IEEE Transactions on Systems, Man, and Cybernetics,
           Vol. SMC-12, No. 3, May/June 1982, S. 276-288.

/RUTK82/   Rutkowski, W.
           Recognition of Occluded Shapes Using Relaxation
           Computer Vision, Graphics, and Image Processing, Vol.
           19, 1982, S. 111-128.

/SAGH81/   Saghri, J.A./ Freeman, H.
           Analysis of the Precision of Generalized Chain Codes
           for the Representation of Planar Curves
           IEEE Transactions on Pattern Analysis and Machine In-
           telligence, Vol. PAMI-3, No. 5, September 1981, S.
           533-539.

/SELM84/   Selmane, M.K./ Allen, C.R.
           VLSI-Implementation of a Real Time Image Convolver
           Proceedings of the 7th International Conference on
           Pattern Recognition Montreal 1984, Vol. 1, S. 585-588.

/SETH82/   Sethi, I.K.
           Edge Detection Using Charge Analogy
           Computer Vision, Graphics, and Image Processing, Vol.
           20, 1982, S. 185-195.

/SHAF83/   Shafer, S.A./ Kanade, T./ Kender, J.
           Gradient Space under Orthography and Perspective
           Computer Vision, Graphics, and Image Processing, Vol.
           24, 1983, S. 182-199.

/SHAH86/   Shah, M./ Sood, A./ Jain, R.
           Pulse and Staircase Edge Models
           Computer Vision, Graphics, and Image Processing, Vol.
           34, 1986, S. 321-343.

/SHAN82/   Shanmugan, K.S./ Paul, C.
           A Fast Edge Thinning Operator
           IEEE Transactions on Systems, Man, and Cybernetics,
           Vol. SMC-12, No. 4, July/August 1982, S. 567-569.

/SHAW79/   Shaw, G.B.
           Local and Regional Edge Detectors: Some Comparisons
           Computer Graphics and Image Processing, Vol. 9, 1979,
           S. 135-149.

/SHIR72/   Shiray, Y./ Tsuji, S.
           Extraction of the Line-Drawing of 3-Dimensional Ob-
           jects by Sequential Illumination from Several
           Directions
           Pattern Recognition, Vol. 4, 1972, S. 343-351.

/SHIR79/   Shiray, Y.
           Three Dimensional Computer Vision
           Dodd,G./Rossol, L.,ed.: Computer Vision and Sensor
           Based Robots Plenum Press, New York London 1979, S.
           187-203.

/SHIR87/   Shiray, Y.
           Three Dimensional Computer Vision
           Springer-Verlag, Berlin Heidelberg New York 1987.

/SHLI83/   Shlien, S.
           Segmentation of Digital Curves Using Linguistic
           Technics
           Computer Vision, Graphics, and Image Processing, Vol.
           22, 1983, S. 277-286.

/SHNE81/   Shneier, M.
           Two Hierachical Linear Feature Representations: Edge
           Pyramids and Quadtrees
           Computer Vision, Graphics, and Image Processing, Vol.
           17, 1981, S. 211-224.

/SHNE82/   Shneier, M.O.
           Extracting Linear Features from Images Using Pyramids
           IEEE Transactions on Systems, Man, and Cybernetics,
           Vol. SMC-12, No. 4, July/August 1982, S. 569-572.

/SHNE83/   Shneier, M.O.
           Using Pyramids to Define Local Thresholds for Blob
           Detection
           IEEE Transactions on Pattern Analysis and Machine In-
           telligence, Vol. PAMI-5, No. 3, May 1983, S. 345-349.

/SKLA80/   Sklansky, J./ Gonzales, V.
           Fast Polygonal Approximation Of Digitized Curves
           Pattern Recognition, Vol. 12, 1980, S. 327-331.

/SMIT84/   Smith, B.S./ Petersson, C.U.
           An Integrated Robot Vision System for Industrial Use
           Applied Machine Vision, Conference Proceedings Society
           of Manufacturing Engineers, Dearborn Michigan 1984, S.
           1.10-1.27.

/SMIT75/   Smith, M.W./ Davis, W.A.
           A New Algorithm for Edge Detection
           Computer Graphics and Image Processing, Vol. 4, 1975,
           S. 55-62.

/SMIT82/   Smith, S.P./ Jain, A.K.
           Chord Distributions for Shape Matching
           Computer Vision, Graphics, and Image Processing, Vol.
           20, 1982, S. 259-271.

/SOBE78/   Sobel, I.
           Neighborhood Coding of Binary Images for Fast Contour
           Following and General Binary Array Processing
           Computer Graphics and Image Processing, Vol. 8, 1978,
           S. 127-135.

/SPEC81/   Speck, P.T.
            Automatische Darstellung und Interpretation von Linien- und Kantenstrukturen in Digitalbildern
            Modelle und Strukturen, DAGM-Symp. Hamburg Okt. 1981, Informatikfachberichte 49, Berlin 1981, S. 151-157.

/STEI83/   Stein, G.
            Automatisch Strukturanalyse von Bildsignalen aufgrund Rechnerinterner Modelle aus lokalen Formmerkmalen
            Mustererkennung 83, 5. DAGM-Symp. Karlsruhe 1983, VDE Berlin Offenbach 1983, S. 123-134.

/STEV82/   Stevens, W./ Hunt, B.R.
            Software Pipelines in Image Processing
            Computer Vision, Graphics, and Image Processing, Vol. 20, 1982, S. 90-95.

/STON61/   Stone, H.
            Approximation of curves by line segments
            Math. Comp. Vol. 15, 1961, S. 40-47.

/SUK 84/   Suk, M./ Hong, S.
            An Edge Extraction Technique for Noisy Images
            Computer Vision, Graphics, and Image Processing, Vol. 25, 1984, S. 24-45.

/SUK 84/   Suk, M./ Kang, H.
            New Measures of Similarity between Two Contours Based on Optimal Bivariate Transforms
            Computer Vision, Graphics, and Image Processing, Vol. 26, 1984, S. 168-182.

/SUK 84/   Suk, M./ Song, O.
            Curvilinear Feature Extraction Using Minimum Spanning Trees
            Computer Vision, Graphics, and Image Processing, Vol. 26, 1984, S. 400-411.

/SUN 83/   Sun, C./ Wee, W.G.
            Neighboring Gray Level Dependence Matrix for Texture Classification
            Computer Vision, Graphics, and Image Processing, Vol. 23, 1983, S. 341-352.

/SUZU85/   Suzuki, S./ Abe, K.
            Topological Structural Analysis of Digitized Binary Images by Border Following
            Computer Vision, Graphics, and Image Processing, Vol. 30, 1985, S. 32-46.

/SZE 81/   Sze, T.W./ Yang, Y.H.
            A Simple Contour Matching Algorithm
            IEEE Transactions on Pattern Analysis and Machine Intelligence, Vol. PAMI-3, No. 6, November 1981, S. 676-683.

/TANI81/   Tanimoto, S.L.
            Template Matching in Pyramids
            Computer Graphics and Image Processing, Vol. 16, 1981,
            S. 356-369.

/TAVA82/   Tavakoli, M./ Rosenfeld, A.
            Building and Road Extraction from Aerial Photographs
            IEEE Transactions on Systems, Man, and Cybernetics,
            Vol. SMC-12, No. 1, January/February 1982, S. 85-91.

/TEMM85/   Temma, T./ Iwashita, M. et al.
            Data Flow Processor Chip for Image Processing
            IEEE Transactions on Electronic Devices, Vol. ED-32,
            1985, S. 1784-1791.

/TILG79/   Tilgner, R./ Brandt, v. A./ Wahl, F.
            Erfahrungen mit einem Relaxationsverfahren zur Kanten-
            detektion
            Angewandte Szenenanalyse, DAGM-Symp. K'he 10.-12. Okt.
            1979, Informatik-Fachberichte 20, Berlin 1979, S. 129-
            136.

/TRIV83/   Trivedi, M.M./ Harlow, C.A./ Conners, R.W./ Goh, S.
            Object Detection Based on Gray Level Cooccurrence
            Computer Vision, Graphics, and Image Processing, Vol.
            28, 1983, S. 199-219.

/TSAI85/   Tsai, W.-H.
            Moment-Preserving Thresholding: A New Approach
            Computer Vision, Graphics, and Image Processing, Vol.
            29, 1985, S. 377-393.

/TSAO81/   Tsao, Y.F./ Fu, K.S.
            A Parallel Thinning Algorithm for 3-D Pictures
            Computer Vision, Graphics, and Image Processing, Vol.
            17, 1981, S. 315-331.

/VAND75/   VanderBrug, G.J.
            Semilinear Line Detectors
            Computer Graphics and Image Processing, Vol. 4, 1975,
            S. 287-293.

/WAHL83/   Wahl, F.M.
            A New Distance Mapping and Its Use for Shape Measure-
            ment on Binary Patterns
            Computer Vision, Graphics, and Image Processing, Vol.
            23, 1983, S. 218-226.

/WALT75/   Waltz, D.L.
            Understanding Line Drawings of Szenes with Shadows
            Winston, P.H.; The Psychology of Computer Vision, Mc
            Graw-Hill, New York, 1975, S. 19-91.

/WANG81/   Wang, D.C.C./ Vagnucci, A.H.
            Gradient Inverse Weighted Smoothig Scheme and the
            Evaluation on Its Performance
            Computer Graphics and Image Processing, Vol. 15, 1981,
            S. 167-181.

/WANG83/   Wang, S./ Haralick, R.M.
           Automatic Multithresholding Selection
           Computer Vision, Graphics, and Image Processing, Vol.
           25, 1983, S. 46-67.

/WECH78/   Wechsler, H. / Fu, K.S.
           Image Processing Algorithms Applied to Rib Boundary
           Detection in Chest Radiographs
           Computer Graphics and Image Processing, Vol. 7, 1978,
           S. 375-390.

/WERM85/   Werman, M./ Peleg, S./ Rosenfeld, A
           A Distance Metric for Multidimensional Histograms
           Computer Vision, Graphics, and Image Processing, Vol.
           32, 1985, S. 328-336.

/WESZ78/   Weszka, J.S.
           A Survey of Threshold Selection Techniques
           Computer Graphics and Image Processing, Vol. 7, 1978,
           S. 259-265.

/WESZ79/   Weszka, J./ Rosenfeld, A.
           Histogramm Modification for Threshold Selection
           IEEE Transactions on System, Man, and Cybernetics,
           Vol. SMC-9, No. 1, 1979, S. 38-52.

/WIEJ85/   Wiejak, J.S./ Buxton, H./ Buxton, B.F.
           Convolution with Separable Masks for Early Image
           Processing
           Computer Vision, Graphics, and Image Processing, Vol.
           32, 1985, S. 279-290.

/WILL78/   Williams, C.M.
           An Efficient Algorithm for the Piecewise Linear
           Approximation of Planar Curves
           Computer Graphics and Image Processing, Vol. 8, 1978,
           S. 286-293.

/WILL81/   Williams, C.M.
           Bounded Straight-Lines Approximation of Digitized Pla-
           nar Curves and Lines
           Computer Graphics and Image Processing, Vol. 16, 1981,
           S. 370-381.

/WIRT87/* Wirtz, B./ Schneider, K.
           Untersuchung von Algorithmen zur Kantenerkennung in
           industriellen Szenen
           Diplomarbeit am Institut für Allgemeine Elektrotechnik
           und Datenverarbeitungssysteme der RWTH Aachen, Aachen
           1987.

/WOJC83/   Wojcik, Z.M.
           An Approach to the Recognition of Contours and Line-
           Shaped Objects
           Computer Vision, Graphics, and Image Processing, Vol.
           25, 1983, S. 184-204.

/WONG76/ Wong, R.Y.
Sequential Pattern Recognition as Applied to Scene Matching
Ph.D. thesis, University of Southern California, Los Angeles 1976.

/WU81/ Wu, A.Y./ Dubitzki, T./ Rosenfeld, A.
Parallel Computation of Contour Properties
IEEE Transactions on Pattern Analysis and Machine Intelligence, Vol. PAMI-3, No. 3, May 1981, S. 331-337.

/YANG81/ Yang, G.J./ Huang, T.S.
The Effect of Median Filtering on Edge Location Estimation
Computer Graphics and Image Processing, Vol. 15, 1981, S. 224-245.

/YOU 80/ You, K.C./ Fu, K.S.
Distorted Shape Recognition Using Attributed Grammars and Error-Correcting Techniques
Computer Graphics and Image Processing, Vol. 13, 1980, S. 1-16.

/ZABE81/ Zabele, G.S./ Koplowitz, J.
On Improving Line Detection in Noisy Images
Computer Graphics and Image Processing, Vol. 15, 1981, S. 130-135.

/ZAMP82/ Zamperoni, P.
Contour Tracing of Grey-Scale Images Based on 2-D Histograms
Pattern Recognition, Vol. 15, No. 3, 1982, S. 161-165.

/ZAMP84/ Zamperoni, P.
Regionenbildende Operatoren und ihre Charakterisierung durch lokale Histogramme
Mustererkennung 1984, DAGM Symp. Graz, 2.-4. Okt. 1984, Proceedings Informatik-Fachberichte 87, Berlin 1984, S. 113-119.

/ZENZ85/ Zenzo, S. di
A Note on the Gradient of a Multi-Image
Computer Vision, Graphics, and Image Processing, Vol. 33, 1985, S. 116-125.

/ZIMM82/ Zimmer, H.G.
Zur Dynamik-Kompression bei digitalen Bildern
GWAI-82, 6th German Workshop on Artificial Intelligence Bad Honnef, Sept. 1982, Informatikfachberichte 58, Berlin 1982.

/ZUCK77/ Zucker, S.W./ Hummel, R.A./ Rosenfeld, A.
An Application of Relaxation Labeling to Line and Curve Enhancement
IEEE Transactions on Computers, Vol. C-26, No. 4, 1977, S. 394-403.

/ZUCK87/   Zucker, S.W./ Hummel, R.A.
            An Optimal Three-Dimensional Edge Operator
            Computer Vision, Graphics, and Image Processing, Vol.
            39, 1987, S. 131-143.

A Anhang

A.1 Liste der verwendeten Symbole und Abkürzungen

Bildfunktion:

$\underline{G}$	Graubildfunktion der digitalisierten Szene
$\underline{GB}$	Bildfunktion des Gradientenbildes
$\underline{RB}$	Bildfunktion des Richtungsbildes
$\underline{GtB}$	Bildfunktion des kantenverdünnten Gradientenbildes (Gratbild)
B	Menge der Bildpunkte einer Bildfunktion
G	Menge der Grauwerte einer Bildfunktion
g(i,j)	Element der Graubildfunktion in i-ter Zeile und j-ter Spalte
N_x	Zahl der Bildpunkte einer Bildfunktion in horizontaler Richtung
N_y	Zahl der Bildpunkte einer Bildfunktion in vertikaler Richtung
N_g	Zahl der Quantisierungsstufen des Grauwertes einer Bildfunktion
$N_4(P)$	Vierer-Nachbarschaft eines Punktes P
$N_8(P)$	Achter-Nachbarschaft eines Punktes P
d_e	euklidische Distanz
d_s	Schachbrettdistanz

Vektor- und Matrizenrechnung:

$\vec{r}$	Vektor (rx, ry)
$arc(\vec{r}, \vec{s})$	eingeschlossener Winkel zwischen den Vektoren
$|\vec{r}|$	Betrag des Vektors $\vec{r}$
$\underline{H}, \underline{M}$	Faltungsmatrizen
$\underline{H}_x, \underline{H}_y$	in x- bzw. y-Richtung differenzierende Faltungsmatrix
*	Faltungsoperator
grad	Gradientenoperator
$\triangle$	Differenzen-Operator
∇	Nabla-Operator

Mengen:

{ }	Mengensymbol
⊂	echte Teilmenge
∈	Element von
∉	kein Element von
\	Mengendifferenz
$|M|$	Mächtigkeit der endlichen Menge M

Sonstiges:

<, ≤	kleiner, kleiner gleich
>, ≥	größer, größer gleich
Σ	mehrfache Summe
$|a|$	Betrag der Zahl a
MAX(a,b)	Maximum der Zahlen a und b
MIN(a,b)	Minimum der Zahlen a und b
a MOD b	Modulo-Funktion
exp(x)	Exponentialfunktion

A.2 Übersicht über die untersuchten Kantenhervorhebungsverfahren

Im folgenden sind die implementierten Module zur Kantenhervorhebung sowie deren Varianten anhand der Optionen des Programmaufrufs vorgestellt:

<u>boll</u> :   Kantendetektion nach Bollhorst (Kap. 3.2.4):

    Optionen:
        -r   Überschreiben des Zielbildes erlaubt
        -t   Zeitmessung aktivieren
        -a=<char:9>   Art des Verfahrens

$$\begin{array}{ll} \text{-a=9 vollständige 3x3 Nichtkonturmaske} & \begin{vmatrix} 1 & 1 & 1 \\ 1 & 1 & 1 \\ 1 & 1 & 1 \end{vmatrix} \\ \text{(8-er Nachbarschaft)} & \\ \text{mit entsprechender 9-dimensionaler Norm} & \end{array}$$

$$\begin{array}{ll} \text{-a=5 unvollständige 3x3 Nichtkonturmaske} & \begin{vmatrix} 0 & 1 & 0 \\ 1 & 1 & 1 \\ 0 & 1 & 0 \end{vmatrix} \\ \text{(4-er Nachbarschaft)} & \\ \text{mit 9-dimensionaler Norm} & \end{array}$$

$$\begin{array}{ll} \text{-a=m unvollständige 3x3 Nichtkonturmaske} & \begin{vmatrix} 0 & 1 & 0 \\ 1 & 1 & 1 \\ 0 & 1 & 0 \end{vmatrix} \\ \text{(4-er Nachbarschaft)} & \\ \text{mit entsprechender 5-dimensionaler Norm} & \end{array}$$

        -w   es findet keine automatische lineare Grauwerttransformation auf den möglichen Bereich von {0...255} statt

<u>chen</u> : orthogonale Kantendetektion nach Frei und Chen (/FREI77/)

Optionen:
- -r   Überschreiben des Zielbildes erlaubt
- -t   Zeitmessung aktivieren
- -a=<char:f>   Art des Verfahrens
  - -a=f   2 orthogonale Basismasken ($\underline{M}_1$, $\underline{M}_2$)
  - -a=a   4(alle) orthogonalen Basismasken ($\underline{M}_1$, ..., $\underline{M}_4$)
  - -a=m   modifizierte tm-Version mit 2 orthogonalen und zwei nichtorthogonalen Masken ($\underline{M}_1$, $\underline{M}_2$, $\underline{M}_5$, $\underline{M}_6$)
- -w   es findet keine automatische lineare Grauwerttransformation auf den möglichen Bereich {0..255} statt
- -m=<zahl>   Skalierfaktor zur Bereichsdehnung

Masken:

$$\underline{M}_1 = \begin{vmatrix} 1,0 & 1,41 & 1,0 \\ 0 & 0 & 0 \\ -1,0 & -1,41 & -1,0 \end{vmatrix} \quad \underline{M}_3 = \begin{vmatrix} 0 & 1,0 & -1,41 \\ 1,0 & 0 & 1,0 \\ -1,41 & 1,0 & 0 \end{vmatrix}$$

$$\underline{M}_5 = \begin{vmatrix} 0 & 1,0 & 1,41 \\ -1,0 & 0 & 1,0 \\ -1,41 & -1,0 & 0 \end{vmatrix}$$

$\underline{M}_2, \underline{M}_4, \underline{M}_6$: obige Masken jeweils um 90 Grad gedreht

<u>chip</u> : Kantenerkennung mittels Template-Matching-Verfahren:
  1.) Kantendetector-Chip PDSP 16401 der Firma PLESSEY
  2.) Robinson-Operator

Gradientenbild = Maximum der Einzelergebnisse der Faltungen
Richtungsbild = 3-Bit-Codierung des Richtungsmaximums i=(0...7)

Optionen:
- -r   Überschreiben des Zielbildes erlaubt
- -t   Zeitmessung aktivieren
- -v=<wert>   Version: 0=Plessey (default); 1=Robinson

Masken:

Plessey 0	Plessey 2	beide Verf. 1	beide Verf. 3	Robin 0	Robin 2
1 1 1 0 0 0 -1 -1 -1	-1 0 1 -1 0 1 -1 0 1	0 1 2 -1 0 1 -2 -1 0	-2 -1 0 -1 0 1 0 1 2	1 2 1 0 0 0 -1 -2 -1	-1 0 1 -2 0 2 -1 0 1
1,5	1,5	1,0	1,0	1,0	1,0

└─ Skalierfaktoren der Masken

dav :   Operator nach Davis (/DAVI80/) zur Kantendetektion

    Optionen:
       -r   Überschreiben des Zielbildes erlaubt
       -t   Zeitmessung aktivieren
       -w   keine automatische lineare Grauwerttransformation

kas :   iterative Kantendetektion mittels Kasvandoperator (/KASV74/) im 3x3-Fenster

    Optionen:
       -r   Überschreiben des Zielbildes erlaubt
       -t   Zeitmessung aktivieren
       -i=<zahl:4> Anzahl der Iterationen
       -w   keine automatische Grauwerttransformation

mitdif : Mittelwertdifferenzenoperator zur Kantenerkennung

(Ziel) = MAX [ABS($\underline{M}_0$*$\underline{B}$), ABS($\underline{M}_1$*$\underline{B}$), ABS($\underline{M}_2$*$\underline{B}$),
ABS($\underline{M}_3$*$\underline{B}$)]

Variante 1: 3x3 Matrix

$$\underline{M}_0 = \begin{vmatrix} 1 & 0 & -1 \\ 1 & 0 & -1 \\ 1 & 0 & -1 \end{vmatrix}$$

Variante 2: 5x5 Matrix

$$\underline{M}_0 = \begin{vmatrix} 1 & 1 & 0 & -1 & -1 \\ 1 & 1 & 0 & -1 & -1 \\ 1 & 1 & 0 & -1 & -1 \\ 1 & 1 & 0 & -1 & -1 \\ 1 & 1 & 0 & -1 & -1 \end{vmatrix}$$

Optionen:
- -t   Laufzeitangabe
- -r   Überschreiben des Zielbildes
- -v=<>   Auswahl der Varianten
- -f=<fak> (Ziel) = (Wert*fak/10)
           default: fak=10

moment : Kantenbetonung mittels Momentenoperator

Optionen:
- -r   Überschreiben des Zielbildes erlaubt
- -t   Zeitmessung aktivieren
- -v=<var> Variante auswählen (default: 8)
- -f=<fak> (Ziel) = (Wert*fak/10)   default: fak=10

Varianten: 1   (Ziel) = ABS (S)
            2   (Ziel) = MAX (0 , S)

mit: S = MAX($\underline{S}_y$*$\underline{B}$,$\underline{S}_v$*$\underline{B}$) - MIN($\underline{S}_x$*$\underline{B}$,$\underline{S}_u$*$\underline{B}$)

$\underline{S}_x$: 1 0 1 $\underline{S}_y$: 1 1 1 $\underline{S}_u$: 0 1 1 $\underline{S}_v$: 1 1 0
       1 0 1   0 0 0   1 0 1   1 0 1
       1 0 1   1 1 1   1 1 0   0 1 1

range : Kantenbetonung mittels Rangeoperator in 2x2 Fenster
(/DAVI80/, Kap. 3.2.2.3)

Optionen:
- -r Überschreiben des Zielbildes erlaubt
- -t Zeitmessung aktivieren

rob : Roberts-Kreuzoperator im 2x2-Fenster

Variante 1: Maximum der absoluten Differenzen in Haupt- und Nebendiagonale
Variante 2: Wurzel des Differenzenquadrates in Haupt- und Nebendiagonale
Variante 3: Summe der absoluten Differenzen in Haupt- und Nebendiagonale
Variante 4: wie 3., aber relativ adressiert
Variante 5: absolute Differenz zwischen Hauptdiagonalpunkten

robin : Robinson-Operator in 3x3 Fenster

Faltung mit den vier Masken:

```
-1  0  1       0  1  2       1  2  1       2  1  0
-2  0  2      -1  0  1       0  0  0       1  0 -1
-1  0  1      -2 -1  0      -1 -2 -1       0 -1 -2
```

Gradientenbild = Maximum der Faltungsergebnisse
Richtungsbild = 3-Bit-Codierung der Richtung des Maximums

__sob__ : Kantenbetonung mittels Sobeloperator in 3x3 Fenster

Faltung mit den beiden Masken:

```
horizontal:    1  2  1      vertikal:   1  0 -1
               0  0  0                  2  0 -2
              -1 -2 -1                  1  0 -1
```

Es werden 8 diskrete Richtungen erzeugt, Trennwinkel bei $\tan(\delta) = \{ +2, -2, +0.5, -0.5 \}$.

Variante 1: Maximum der absoluten Faltungsergebnisse
Variante 2: Wurzel der Summe der Faltungsergebnisquadrate
Variante 3: Summe der absoluten Faltungsergebnisse

Der errechnete Grauwert kann das 4-fache von 255 betragen, daher zur Ausgabe Shift- oder Optimalversion wählen.

Optionen:
  -s=<vers> Shiftversionen: vers 1: Teiler = 1
                             vers 2: Teiler = 4
  -o   Optimalversion (2 Durchläufe: Teiler = Max. Grauwert)
  -r   Überschreiben des Zielbildes erlaubt
  -t   Zeitmessung aktivieren
  -v=<var>   Variante auswählen

__sumgrad:__ Summengradientenoperator zur Kantenerkennung

Vers. 1: (Ziel) = $ABS(\underline{S}_x * \underline{B}) + ABS(\underline{S}_y * \underline{B}) + ABS(\underline{S}_z * \underline{B})$
Vers. 2: (Ziel) = $MAX[ABS(\underline{S}_x * \underline{B}), ABS(\underline{S}_y * \underline{B}), ABS(\underline{S}_z * \underline{B})]$

$$\underline{S}_x = \begin{vmatrix} 1 & -1 \\ 0 & 0 \end{vmatrix} \quad \underline{S}_y = \begin{vmatrix} 1 & 0 \\ -1 & 0 \end{vmatrix} \quad \underline{S}_z = \begin{vmatrix} 1 & 0 \\ 0 & -1 \end{vmatrix}$$

Optionen:
- -t   Laufzeitangabe
- -r   Überschreiben des Zielbildes
- -f=\<fak\>   (Ziel) = (Wert*fak/10)   default: fak=10
- -v=\<1..2\> Version

tm :   Ausführung des Template-Matching Verfahrens oder Gradientenverfahrens in Wurzelversion mit beliebig parametrisierbaren Fenstern in frei wählbaren Richtungen
Die Masken und Richtungen werden in einer Datei angegeben.

Optionen:
(allgemein)
- -r   Überschreibflagge
- -t   Zeitmessung aktivieren

(Verfahren)
- -n   Nichtbetragsversion des tm
            (Negative Faltungsergebnisse werden nicht berücksichtigt.)
- -y   Gradientenberechnung mittels zweier orthogonaler Masken (Wurzelversion)

(Maskenparameter)
- -f=filename   Filterfile mit gewünschter Dimension, Maske, Standardwichtung und -filterrichtungen
- -d=0..7   Liste der gewünschten Filterrichtungen
- -a   Filterausgleich:
                gesetzt: Wichtungsparameter aus Filterfile
                nicht gesetzt: Berechnung aus Filterkoeffizienten
- -g   es soll auch ein Gradientenrichtungsbild erzeugt werden
- -z   Flagge für alle acht Richtungen im Richtungsbild bei symmetrischen Masken

(Optimierung)
- -w   automatische lineare Grauwerttransformation auf {0...255} zur besseren Visualisierung
- -b   Berechnung optimaler Wichtungskoeffizienten keine Optimierung
- -x=zahl   Koeffizient für 2.tm-Durchlauf mit zahl=max. Gradientenwert(1.Durchlauf)
- -o   Optimierter zweiter Durchlauf
- -u=<zahl>   Isotropiefaktor für richtungsinvariantes tm

(Nachverarbeitung), beschrieben z.B. in /ROBI77/
- -s=<zahl:50>   globale Schwelle
- -c=<char:a >   Einschalten der lokalen Konnektivität, a:AND   o:OR
- -l=<zahl:0.2> Einschalten Local Adaptive Threshold
- -e=<zahl:1.0> Einschalten Edge Activity Index
- -m=<zahl:2>   Einschalten Directional Local Adaptive Threshold(Fenstergröße)

A.3 Untersuchte Filtermasken für das Modul tm

Im folgenden sind die mittels des Moduls tm (Anhang A.2) untersuchten Filtermasken widergegeben. Die Masken werden dem Modul als Textdatei übergeben und sind daher ohne Programmänderung modifizierbar. Der Inhalt der Textdatei hat dabei folgendes Format:

```
ft mittel3x1        ; Schlüsselzeichen ft und Name des Filters
3 3                 ; Maskengröße in x- und y-Richtung
 0 0 0              ; 1. Zeile der Faltungsmaske
 1 1 1              ; ... weitere Zeilen der Faltungsmaske
 0 0 0              ; letzte Zeile der Faltungsmaske
a=1 b=3 c=0         ; Wichtungsparameter
0                   ; Richtungen, in denen die Maske anzuwenden
                    ;   ist, wenn in der Kommandozeile keine Rich-
                    ;   tung angegeben wird
-----------------   ; Kommentare
Mittelwertbildung   ;
in einer Zeile      ;
```

```
ft mittel3x1           ft tief               ft tief1
3 3                    3 3                   3 3
 0 0 0                  1 1 1                 1 2 1
 1 1 1                  1 1 1                 2 4 2
 0 0 0                  1 1 1                 1 2 1
a=1 b=3 c=0            a=1 b=9 c=0           a=1 b=16 c=0
0                      0                     0
-----------------      --------------        --------------
Mittelwertbildung      Tiefpaß               (Gauß-)Tiefpaß
in einer Zeile
```

```
ft diff2x1_s
3 3
  0 -1  0
  0  1  0
  0  0  0
a=1 b=1 c=0
0
----------------
Differenzbildung
in einer Spalte
```

```
ft diff2x1
3 3
  0 -1  0
  0  1  0
  0  0  0
a=1 b=1 c=0
0 1 2 3
----------------
einfacher
Differenzenoperator
```

```
ft diff2x2
3 3
 -1 -1  0
  1  1  0
  0  0  0
a=1 b=2 c=0
0
----------------
einfacher Diffe-
renzenoperator
im 2x2 Fenster
```

```
ft grad3x1
3 3
  0  1  0
  0  0  0
  0 -1  0
a=1 b=3 c=0
0 1 2 3
----------------
3x1-Gradienten-
maske : Minimal-
operator
```

```
ft grad3x2
3 3
  1  1  1
 -1 -1 -1
  0  0  0
a=1 b=3 c=0
0 1 2 3
----------------
3x2-Gradienten-
Maske : keine
Nullzeile
```

```
ft grad3x3
3 3
  1  1  1
  0  0  0
 -1 -1 -1
a=1 b=3 c=0
0 1 2 3
----------------
3x3-Gradienten-
Maske (Prewitt)
```

```
ft rob
3 3
  1  2  1
  0  0  0
 -1 -2 -1
a=1 b=4 c=0
0 1 2 3
----------------
Robinson Maske
(Sobel-Operator)
```

```
ft rob2
3 3
  1  2  1
  0  0  0
 -1 -2 -1
a=1 b=2 c=0
0 1 2 3
----------------
Robinson Maske
Wichtung: 0.5
```

```
ft rob3x2
3 3
  1  2  1
 -1 -2 -1
  0  0  0
a=1 b=4 c=0
0 1 2 3
----------------
Robinson Maske
in 3x2-Fenster
```

```
ft modsob              ft iso3x3              ft iso3x3_1
3 3                    3 3                    3 3
 1  3  1                2  3  2                100  141  100
 0  0  0                0  0  0                 0    0    0
-1 -3 -1               -2 -3 -2               -100 -141 -100
a=1 b=5 c=0            a=1 b=7 c=0            a=1 b=341 c=0
0 1 2 3                0 1 2 3                0 1 2 3
------------------     ------------------     ------------------
modifizierte           Näherung der iso-      Näherung der iso-
Sobelmaske             tropen Maske           tropen Maske
                       ( 1  √2  1  )          ( 1  √2  1  )


ft kirsch              ft  kompass
3 3                    3 3
 5  5  5                1  1  1
-3  0 -3                1 -2  1
-3 -3 -3               -1 -1 -1
a=1 b=15 c=0           a=1 b=5 c=0
0 1 2 3 4 5 6 7        0 1 2 3 4 5 6 7
------------------     ------------------
Kirsch Maske           Kompaßgradienten-
                       maske


ft laplace4            ft laplace5            ft laplace6
3 3                    3 3                    3 3
 0 -1  0               -1  0 -1                1 -2  1
-1  4 -1                0  4  0               -2  4 -2
 0 -1  0               -1  0 -1                1 -2  1
a=1 b=4 c=0            a=1 b=4 c=0            a=1 b=8 c=0
0                      0                      0 1
------------------     ------------------     ------------------
Laplace Maske          Laplace Maske          Laplace Maske
```

```
ft laplace8           ft laplace41          ft laplace42
3 3                   3 3                   3 3
-1 -1 -1               0  0  0               0 -1  0
-1  8 -1              -1  2 -1               0  2  0
-1 -1 -1               0  0  0               0 -1  0
a=1 b=8 c=0           a=1 b=2 c=0           a=1 b=2 c=0
0                     0                     0
--------------        --------------        --------------
Laplace Maske         Laplace Maske         Laplace Maske
                      horizontal            vertikal


ft linet1             ft linet2             ft linet3
3 3                   3 3                   3 3
 0  1  0               1 -2  1              -1 -1 -1
-1  0 -1              -2  4 -2               2  2  2
 0  1  0               1 -2  1              -1 -1 -1
a=1 b=1 c=0           a=1 b=1 c=0           a=1 b=6 c=0
0 1 2 3               0 1 2 3               0 1 2 3
--------------        --------------        --------------
Line-Detektor         Line-Detektor         Line-Detektor
Maske W5 nach         Maske W7 nach
/FREI77/              /FREI77/


ft grad5x5            ft mod5x5_1           ft mod5x5_2
5 5                   5 5                   5 5
 1  1  1  1  1         1  1  1  1  1         1  2  3  2  1
 1  1  1  1  1         2  2  2  2  2         2  3  4  3  2
 0  0  0  0  0         0  0  0  0  0         0  0  0  0  0
-1 -1 -1 -1 -1        -2 -2 -2 -2 -2        -2 -3 -4 -3 -2
-1 -1 -1 -1 -1        -1 -1 -1 -1 -1        -1 -2 -3 -2 -1
a=1  b=10 c=0         a=1  b=15 c=0         a=1  b=23 c=0
0 1 2 3               0 1 2 3               0 1 2 3
--------------        ----------------      ----------------
5x5-Gradienten-       5x5-Gradienten-       5x5-Gradienten-
Maske : analog        Maske : Koeffi-       Maske : Koeffi-
zu ft grad3x3         zienten mod.1         zienten mod.2
```

```
ft kirsch5x5           ft law5x5
5 5                    5 5
  5   5   5   5   5      1    4    6    4    1
  5   5   5   5   5      2    8   12    8    2
 -3  -3   0  -3  -3      0    0    0    0    0
 -3  -3  -3  -3  -3     -2   -8  -12   -8   -2
 -3  -3  -3  -3  -3     -1   -4   -6   -4   -1
a=1  b=50  c=0         a=1  b=48  c=0
0 1 2 3 4 5 6 7        0 1 2 3
----------------       ----------------
5x5 Kirsch-            5x5-Maske nach
Operator               Law


ft gauss5x5
5 5
  0      1  0     -1     0
  2    403  0   -403    -2
 15   2980  0  -2980   -15
  2    403  0   -403    -2
  0      1  0     -1     0
a=1  b=3807  c=0
0 1 2 3
------------------------
5x5-Gauss-Maske



ft line_5x5_1          ft line_5x5_2          ft line_5x5_3
5 5                    5 5                    5 5
  0  0  0  0  0          0  0  0  0  0         -1 -1 -1 -1 -1
  0  0  0  0  0          1  1  1  1  1          0  0  0  0  0
  1  1  1  1  1          0  0  0  0  0          2  2  2  2  2
 -1 -1 -1 -1 -1         -1 -1 -1 -1 -1          0  0  0  0  0
  0  0  0  0  0          0  0  0  0  0         -1 -1 -1 -1 -1
a=1 b=5 c=0            a=1 b=5 c=0            a=1 b=10 c=0
0 1 2 3                0 1 2 3                0 1 2 3
----------------       ----------------       ----------------
Line-Detektor 5x5      Line-Detektor 5x5      Line-Detektor 5x5
```

```
ft ecke5x5              ft ecke5x5_1
5 5                     5 5
  1  1  1  1  1          -4 -2 -1 -1 -1
  1  3  1  1  1          -2  0  0  0  0
  1  1 -2 -2 -2          -1  0  4  2  1
  1  1 -2 -2 -2          -1  0  2  1  1
  1  1 -2 -2 -2          -1  0  1  1  1
a=1  b=18  c=0          a=1  b=14  c=0
0 1 2 3 4 5 6 7         0 1 2 3 4 5 6 7
----------------        ----------------
Eckenfilter5x5          Eckenfilter5x5


ft  grad7x7             ft  mod7x7_1
7 7                     7 7
  1  1  1  1  1  1  1    1  1  1  1  1  1  1
  1  1  1  1  1  1  1    2  2  2  2  2  2  2
  1  1  1  1  1  1  1    3  3  3  3  3  3  3
  0  0  0  0  0  0  0    0  0  0  0  0  0  0
 -1 -1 -1 -1 -1 -1 -1   -3 -3 -3 -3 -3 -3 -3
 -1 -1 -1 -1 -1 -1 -1   -2 -2 -2 -2 -2 -2 -2
 -1 -1 -1 -1 -1 -1 -1   -1 -1 -1 -1 -1 -1 -1
a=1  b=21  c=0          a=1  b=42  c=0
0 1 2 3                 0 1 2 3
------------------------ ------------------------
7x7-Gradienten-Maske    7x7-Gradienten-Maske :
                        Koeffizienten mod.1
```

```
ft   mod7x7_2
7 7
 1  2  3  4   3  2  1
 2  3  4  5   4  3  2
 3  4  5  6   5  4  3
 0  0  0  0   0  0  0
-3 -4 -5 -6  -5 -4 -3
-2 -3 -4 -5  -4 -3 -2
-1 -2 -3 -4  -3 -2 -1
a=1 b=69 c=0
0 1 2 3
```

7x7-Gradienten-Maske :
Koeffizienten mod.2

```
ft   gauss7x7                          ft   gauss7x7_1
7 7                                    7 7
 1    8   19   0   -19   -8   -1       0  0  0  0   0   0  0
12  100  225   0  -225 -100 -12        0  1  2  0  -2  -1  0
55  451 1012   0 -1012 -451 -55        1  4  9  0  -9  -4 -1
92  744 1668   0 -1668 -744 -92        1  7 15  0 -15  -7 -1
55  451 1012   0 -1012 -451 -55        1  4  9  0  -9  -4 -1
12  100  225   0  -225 -100 -12        0  1  2  0  -2  -1  0
 1    8   19   0   -19   -8   -1       0  0  0  0   0   0  0
a=1 b=7000 c=0                         a=1 b=59 c=0
0 1 2 3                                0 1 2 3
```

7x7-Gauss-Maske   7x7-Gauss-Maske

A.4 Ergebnisse der Kantenhervorhebung bei idealen Kanten

Filter \ Steigung	rm = 100			rm = 50		
	6	10	20	6	10	20
ftgrad3x1	29	31	29	29	31	30
ftgrad3x2	17	13	12	11	13	12
ftgrad3x3	11	12	11	11	12	10
ftrob	15	12	8	14	12	12
ftrob2	16	12	9	13	12	12
ftmodsob	16	16	13	18	16	16
ftiso3x3	12	9	7	12	9	8
ftkirsch	12	12	11	12	12	10
ftkompass	13	13	11	13	12	11
ftgrad5x5	11	10	10	11	11	10
ftmod5x5_1	13	12	10	11	12	12
ftmod5x5_2	9	8	8	9	8	9
ftlaw5x5	12	11	10	10	10	11
ftgauss5x5	22	23	22	25	24	22
ftgrad7x7	10	10	10	10	10	10
ftmod7x7_1	13	13	12	12	12	12
ftmod7x7_2	8	8	7	8	7	8
ftgauss7x7	13	12	11	12	12	12
ftgauss7x7_1	13	13	12	12	12	13
chip -rv=0	11	11	12			
chip -rv=1	15	12	11			
moment -rv=1	100	100	100			
moment -rv=2	100	100	100			
mitdif rv=1 f=20	11	12	12			
mitdif -rv=2 f=4	19	18	18			
sumgrad -rv=1	58	53	52			
sumgrad -rv=2	56	53	52			
rob -rv=1	33	33	31			
rob -rv=2	50	0	14			
rob -rv=3	60	63	56			
sob -rv=1	33	30	30			
sob -rv=2	8	5	3			
sob -rv=3	31	30	30			

Tabelle 1: Relative Differenzen bei Filterung mit Maximum-Version und linearer Transformation der Filterergebnisse (keine Optimierung) in Abhängigkeit von der Kantensteigung bei einer Kantenbreite b=10

	b = 2			b = 4			b = 10		
Steigung Filter	2	5	10	2	5	10	2	5	10
ftdiff2x1	67	50	64	33	38	33	33	38	33
ftdiff2x2	55	57	55	50	33	27	50	33	27
ftgrad3x1	25	20	20	33	33	31	33	33	31
ftgrad3x2	50	60	50	50	20	20	50	20	20
ftrob3x2	50	60	50	50	33	18	50	33	18
ftgrad3x3	50	30	30	25	10	15	25	10	15
ftrob	25	30	30	25	18	10	25	18	10
ftrob2	25	30	28	22	18	12	22	18	12
ftmodsob	25	30	25	25	18	18	25	18	18
ftiso3x3	50	30	30	25	10	10	25	10	10
ftiso3x3_1	50	30	30	25	10	10	25	10	10
ftkirsch	33	38	25	33	13	13	33	13	13
ftkirsch5x5_m	33	22	22	20	16	19	20	8	11
ftkompass	50	33	33	0	17	17	0	17	17
ftgrad5x5	25	30	25	33	20	20	17	13	13
ftmod5x5_1	50	30	30	20	16	16	20	16	12
ftmod5x5_2	25	30	25	20	16	11	0	15	7
ftlaw5x5	25	30	20	20	16	12	20	15	11
ftgauss5x5	25	30	25	40	31	24	40	31	24
ftgrad7x7	25	20	20	17	13	15	13	15	10
ftmod7x7_1	50	30	30	33	20	20	17	13	12
ftmod7x7_2	25	20	20	17	13	13	15	11	9
ftgauss7x7	33	13	18	0	9	9	20	16	12
ftgauss7x7_1	0	22	21	20	16	12	17	20	5
ftstreif1	50	40	40	25	20	20	25	20	20
ftstreif2	50	60	60	50	40	20	50	40	20

Tabelle 2: Relative Differenzen bei Filterung mit Maximum-Version und linearer Transformation der Filterergebnisse (ohne Optimierung) in Abhängigkeit von Kantenbreite und -steigung

	rm=100				rm=50				rm=20			
Steigung Filter	2	6	10	20	2	6	10	20	2	6	10	20
ftgrad3x1	34	29	31	29	34	29	31	30	34	29	31	29
ftgrad3x2	43	17	13	12	43	11	13	12	43	11	10	12
ftgrad3x3	25	11	12	11	17	11	12	10	17	9	10	11
ftrob	22	15	12	8	22	14	12	12	22	14	10	8
ftrob2	22	16	12	9	22	13	12	12	22	13	12	8
ftmodsob	25	16	16	13	25	18	16	16	21	16	14	13
ftiso3x3	23	12	9	7	20	12	9	8	23	12	9	7
ftkirsch	29	12	12	11	21	12	12	10	18	8	10	11
ftkirsch5x5	5	8	9	7	3	7	7	9	3	9	7	7
ftkompass	23	13	13	11	23	13	12	11	15	11	12	11
ftgrad5x5	13	11	10	10	13	11	11	10	11	10	11	10
ftmod5x5_1	16	13	12	10	14	11	12	12	12	10	12	10
ftmod5x5_2	14	9	8	8	13	9	8	9	13	8	8	8
ftlaw5x5	17	12	11	10	17	10	10	11	14	10	11	10
ftgauss5x5	29	22	23	22	29	25	24	22	26	22	22	22
ftgrad7x7	11	10	10	10	11	10	10	10	10	10	11	10
ftmod7x7_1	14	13	13	12	12	12	12	12	12	12	12	12
ftmod7x7_2	10	8	8	7	8	8	7	8	10	7	7	7
ftgauss7x7	18	13	12	11	18	12	12	12	14	12	12	11
ftgauss7x7_1	18	13	13	12	19	12	12	13	14	12	12	11
chip -rv=0	22	11	11	12	17	11	11	10	17	9	10	11

<u>Tabelle 3:</u> Relative Differenzen bei Filterung mit Maximum-Version und Optimierung der Filterergebnisse in Abhängigkeit von Kantenradius und -steigung

	b=2			b=5			b=10		
Steigung\\Filter	2	5	10	2	5	10	2	5	10
ftdiff2x1	65	49	53	65	31	17	65	31	17
ftdiff2x2	72	61	62	56	25	13	56	25	13
ftgrad3x1	37	34	27	37	16	8	37	16	8
ftgrad3x2	58	49	51	41	18	4	41	18	10
ftrob3x2	56	48	51	43	18	10	43	18	10
ftgrad3x3	29	27	27	23	9	4	23	9	4
ftrob	29	27	25	25	10	5	25	10	5
ftrob2	30	27	25	25	10	5	25	10	5
ftmodsob	29	28	25	26	11	5	26	11	5
ftiso3x3	29	27	25	25	9	4	25	9	4
ftiso3x3_1	29	27	26	25	9	4	25	9	8
ftkirsch	36	32	31	25	11	5	25	11	5
ftkirsch5x5_m	23	22	23	17	15	15	8	3	2
ftkompass	37	32	32	37	15	8	37	15	8
ftgrad5x5	23	22	22	16	14	14	7	3	2
ftmod5x5_1	31	29	30	15	13	13	9	3	2
ftmod5x5_2	21	19	20	12	9	10	9	3	2
ftlaw5x5	17	18	17	13	8	6	13	4	2
ftgauss5x5	32	30	25	30	13	6	30	13	6
ftgrad7x7	23	23	23	16	16	16	3	2	1
ftmod7x7_1	36	34	33	22	20	20	4	2	2
ftmod7x7_2	21	19	20	13	11	11	3	2	2
ftgauss7x7	17	18	16	13	8	5	10	5	2
ftgauss7x7_1	16	17	16	13	9	5	12	5	2
ftstreif1	48	44	45	24	12	10	22	8	3
ftstreif2	65	52	52	48	25	22	42	18	9

Tabelle 4: Relative Differenzen bei Filterung mit Wurzelversion und Optimierung der Filterergebnisse in Abhängigkeit von Kantenbreite und -steigung

		rm=100				rm=50				rm=20			
Filter	Steigung	2	6	10	20	2	6	10	20	2	6	10	20
ftgrad3x1		37	12	8	4	37	15	9	3	30	13	4	4
ftgrad3x2		41	19	10	7	41	17	11	6	40	17	11	7
ftgrad3x3		23	9	4	3	20	8	4	2	16	7	3	3
ftrob		25	10	5	3	21	9	4	2	19	8	3	3
ftrob2		25	10	5	3	21	9	4	2	19	8	3	3
ftmodsob		26	10	5	3	25	10	5	2	21	9	3	3
ftiso3x3		25	9	4	3	20	9	4	3	18	8	3	3
ftkirsch		25	9	5	4	25	7	6	4	25	9	5	4
ftkompass		37	13	8	5	26	13	9	4	33	16	7	5
ftgrad5x5		7	4	2	1	7	3	2	1	6	2	1	1
ftmod5x5_1		9	4	2	1	10	4	2	1	7	3	2	1
ftmod5x5_2		9	4	2	1	8	4	2	1	7	2	2	1
ftlaw5x5		13	4	2	1	8	5	2	1	9	2	2	1
ftgauss5x5		30	10	6	3	30	13	6	3	25	11	4	3
ftgrad7x7		3	2	1	1	3	2	1	0	2	1	1	1
ftmod7x7_1		4	2	2	0	5	2	1	0	2	1	1	0
ftmod7x7_2		3	3	2	0	3	2	1	1	2	2	1	0
ftgauss7x7		10	4	2	1	7	4	2	2	8	3	2	1
ftgauss7x7_1		12	4	2	1	8	5	2	1	8	3	2	1
ftstreif1		23	7	3	–	10	–	2	2	10	6	2	2
ftstreif2		42	16	10	–	27	–	2	5	27	14	2	5

Tabelle 5: Relative Differenzen bei Filterung mit Wurzelversion und Optimierung der Filterergebnisse in Abhängigkeit von Kantenradius und -steigung

A.5 Polardiagramme

Im folgenden sind eine Auswahl von Polardiagrammen nach Anwendung der Gradientenverfahren in Wurzelversion abgebildet. Der Untersuchung lag eine radialsymmetrische Kante der Breite zehn Bildpunkte mit einem Radius von 100 Bildpunkten zugrunde. Die Steigungen betragen zehn bzw. sechs Grauwerte pro Bildpunkt, die verwendeten Masken sowie die Parameter der Kante und des Filteraufrufes sind den Bildunterschriften zu entnehmen.

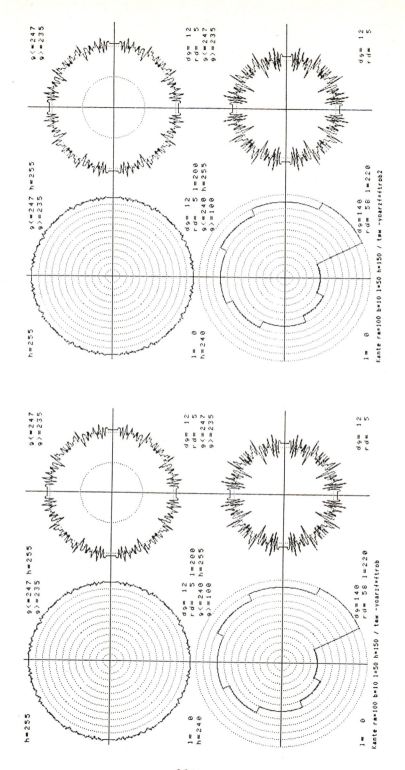

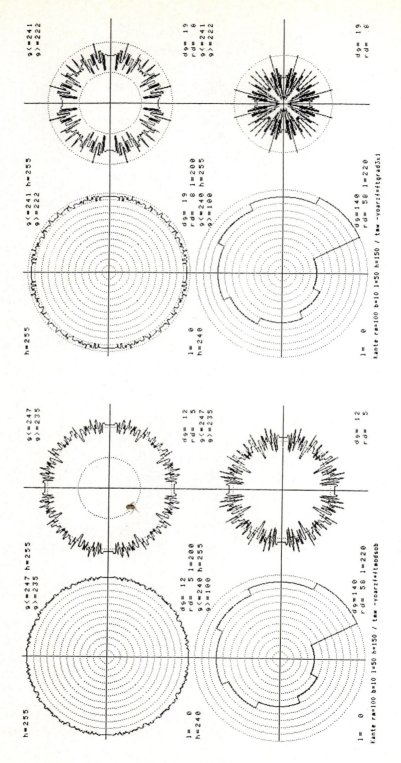

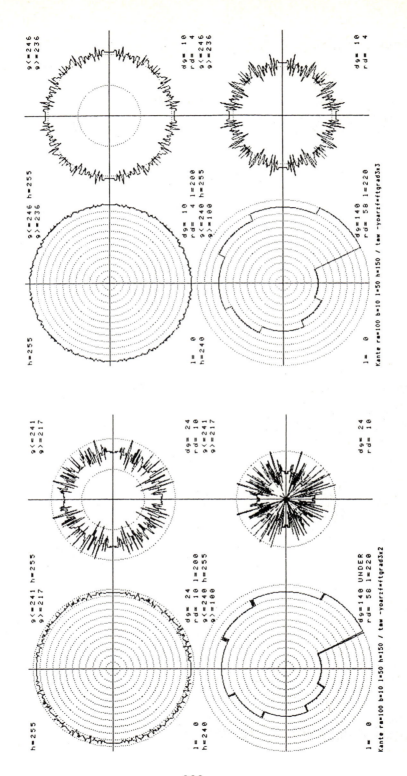

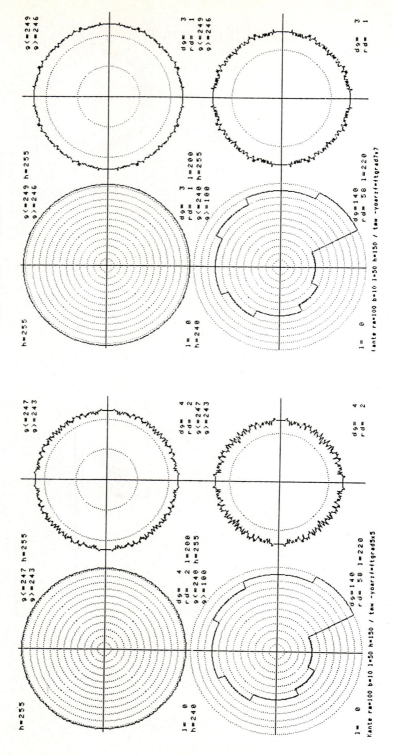

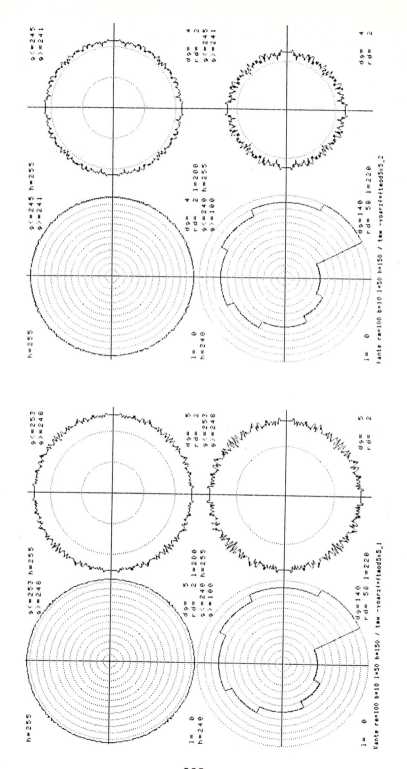

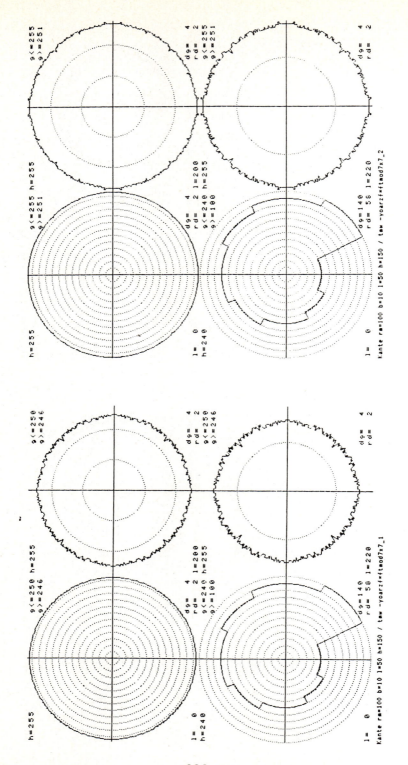

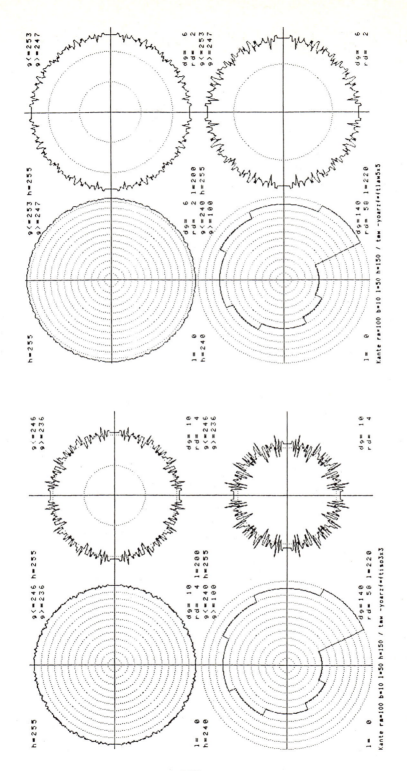

237

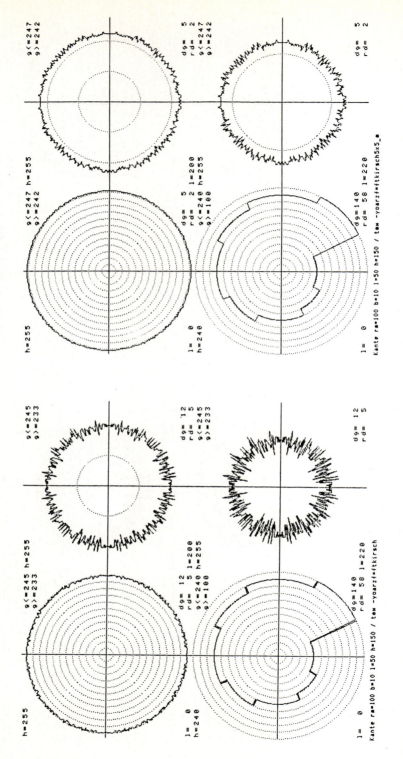

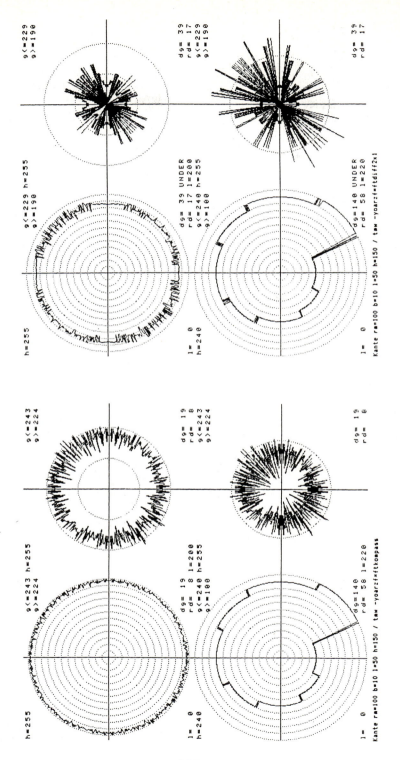

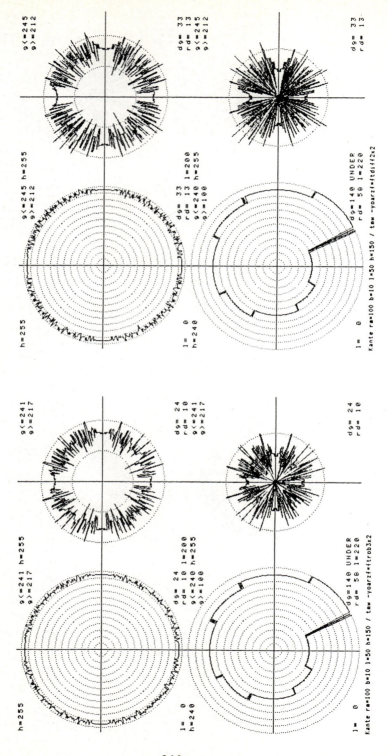

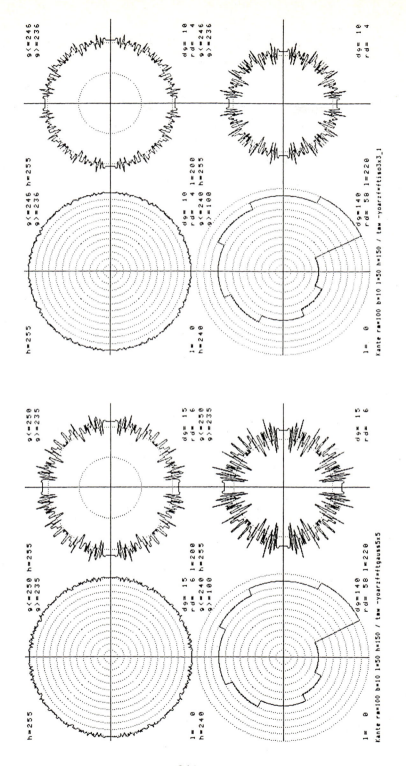

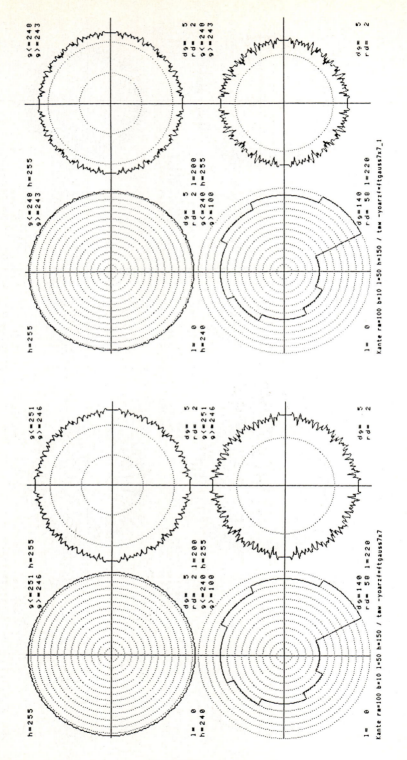

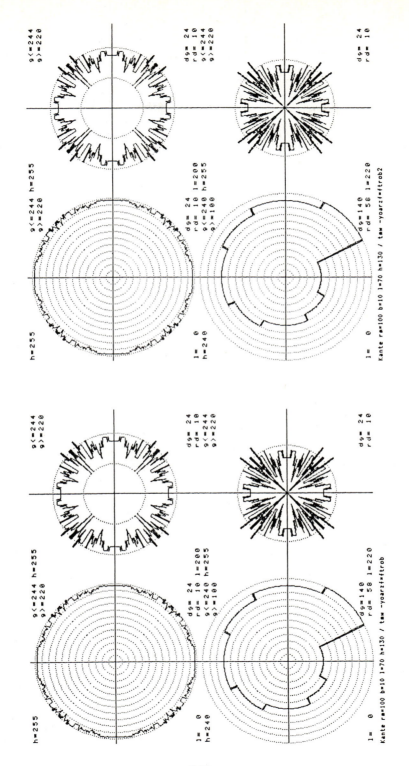

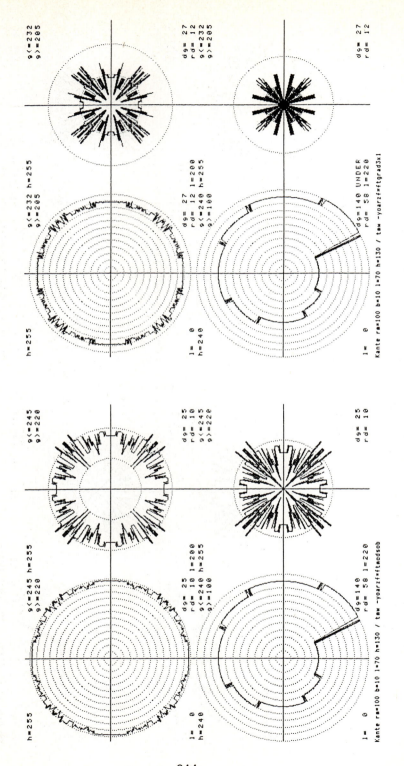

244

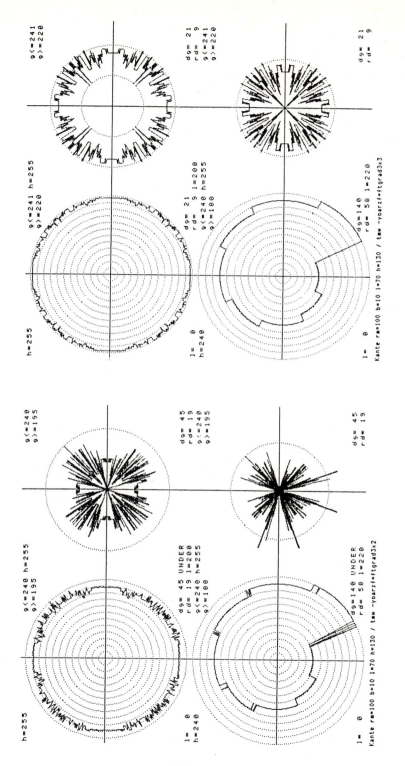

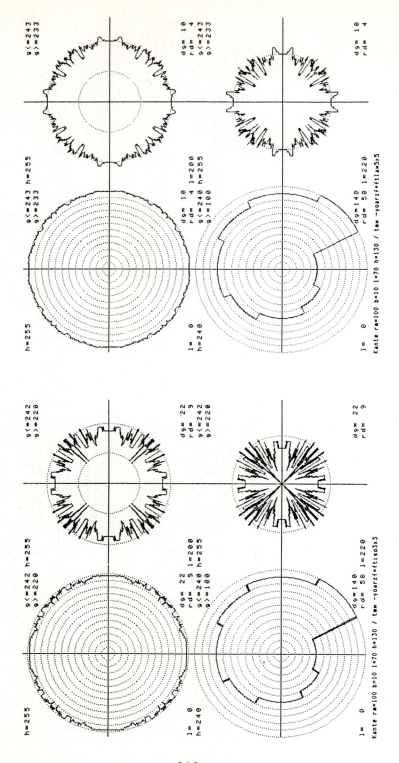

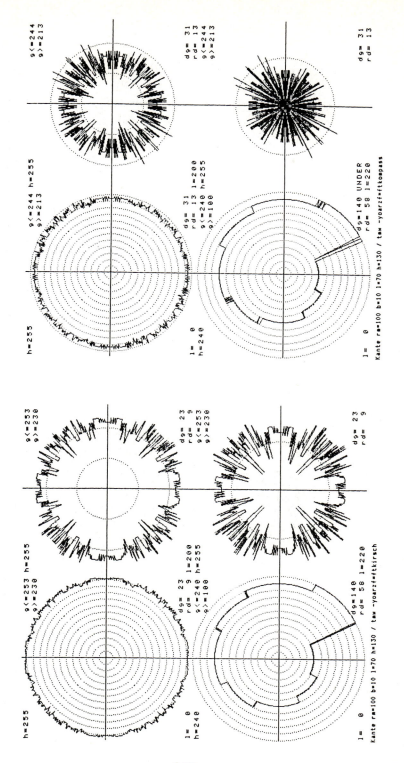

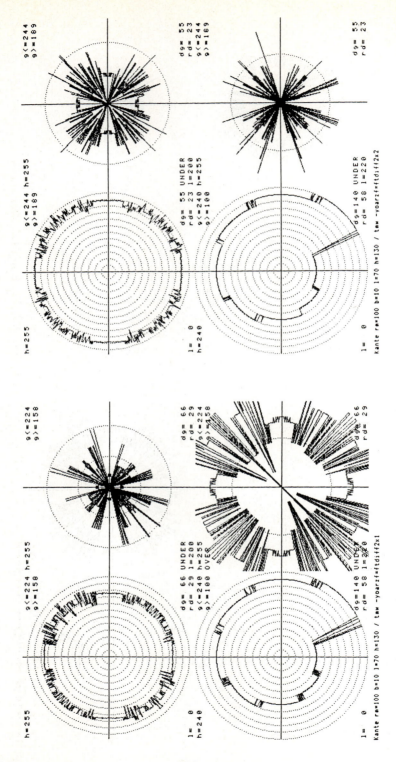

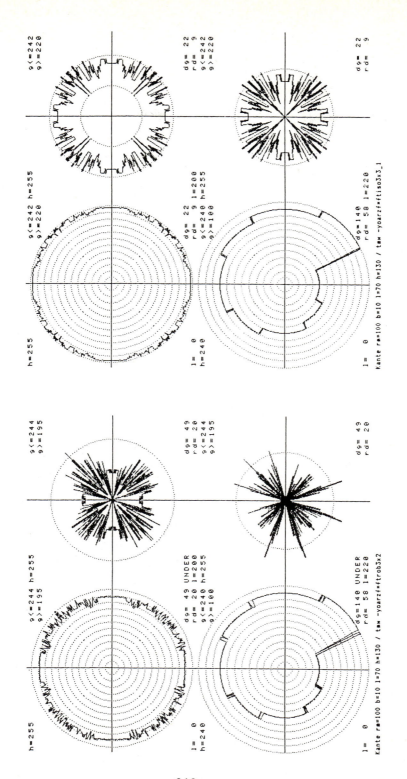

Fortschritte der Robotik

Hermann Henrichfreise
**Aktive Schwingungsdämpfung
an einem elastischen Knickarmroboter**
*1989. XII, 183 Seiten.
(Fortschritte der Robotik, Bd.1; hrsg. von Walter Ameling.)
Kartoniert DM 56,–
ISBN 3-528-06360-2*

Inhalt: Versuchsaufbau und Regelungskonzept – Modellierung und Kompensation nichtlinearer Antriebseigenschaften – Modellbildung für das dreiachsige Gesamtsystem – Regelungsentwurf – Reglerrealisierung, Erprobung im Versuch und vergleichende Simulation – Zusammenfassung – Anhang.

Zur Vermeidung von Schwingungseinflüssen auf dynamisch arbeitende Systeme wird gewöhnlich mit konstruktiven Maßnahmen reagiert. Dieses Buch zeigt die Möglichkeiten auf, mit Hilfe der Steuerungs- und Regelungstechnik diese Einflüsse zu kompensieren.

Dr. Ing. *Hermann Henrichfreise* promovierte an der Universität-Gesamthochschule Paderborn, Fachbereich 10, Maschinentechnik 1 und ist jetzt im Bereich der Realisierung hochdynamischer Regelungen für mechanische Systeme tätig.

Verlag Vieweg · Postfach 58 29 · D-6200 Wiesbaden 1

Fortschritte der Robotik

Jürgen Olomski
Bahnplanung und Bahnführung von Industrierobotern
1989. X, 132 Seiten.
(Fortschritte der Robotik, Bd. 4; hrsg. von Walter Ameling.)
Kartoniert DM 58,—
ISBN 3-528-06379-3

Inhalt: Kinematisches und Dynamisches Modell eines Industrieroboters – Führungsgrößenerzeugung – Berechnungsverfahren der Sollbahn – Optimierung des Geschwindigkeitsverlaufs – Bahnplanungssystem – Gelenkregelung – Sensoreinsatz zur Bahnführung – Steuerrechnersystem.

Die vorliegende Arbeit beschreibt Verfahren zur Bahnplanung, -generierung und -regelung und ihre Umsetzung und Erprobung an einem Gelenkarmroboter.

Dr.-Ing. *Jürgen Olomski* promovierte an der TU Braunschweig am Institut für Regelungstechnik. Sein derzeitigen Arbeitsgebiet ist die Entwicklung von Robotersteuerungen bei Siemens in Erlangen.

Verlag Vieweg · Postfach 58 29 · D-6200 Wiesbaden 1